大量調理における
食用油の使い方

鈴木 修武

幸書房

まえがき

　植物油を製造する油脂業界は，昭和40〜50年代に工場を近代化・省力化し，製造技術はほぼ完成された．一方，油の生産量は飛躍的に伸びたが，メーカーは多量に生産される油をなんとか売らないと経営が成り立たなかった．

　著者は澱粉，蛋白部門から昭和52年に油脂部門に転籍し，販売促進やクレーム処理対応をし，顧客の現場に行くことが多かった．私達は油の販売先である惣菜，産業・学校給食，スーパー惣菜，外食産業や油揚げ・米菓などの業界に使い方や廃油の分析，製品分析・保存試験の相談や提案をした．また，生産現場のニーズに応えるために商品開発を行い，その商品の販路拡大に新しい技術紹介と援護をした．

　ここで紹介する植物油を中心にまとめた技術資料は，現場での顧客の要望に応えるために作成したものである．例えば，揚げ油の現場調査では，早朝のフライヤー点火時に始まり夜の洗浄に至るまで，3人体制のもとで2人一組になり揚げ時間，揚げ温度，油温の測定と惣菜の種類，個数などを全て記録し，使用油や廃油を分析した．このデータを基にして，実験室で実証試験をし，再度現場に提案した．揚げ油を売るために簡易型の酸価測定器を開発，フライヤー及びろ過機を購入し試験した．その他の炒め油，炒め機，離型油，香味油も同様に現場のニーズから開発し，利用技術を確立した．なお，本書は現場的で理論や科学的に不足や疑問点もあろうかと思われるが，生産現場に役立てば幸いである．

　食品や機械がハードとすれば，利用技術がソフトであり，双方を必要とする時代である．さらに，それは国外においても通用する力になり得ると考える．

　出版にあたり株式会社ホーネンコーポレーション，株式会社J-オイルミルズでお世話になった関係者や生産現場の人達の厚意に感謝する．また，気長に，原稿の修正や校正をしてくださった幸書房の夏野雅博部長に深謝する．

2010年6月

鈴木修武

目　　次

1. 植物油の性質と調理 …………………………………………………………… 1

　1.1　植物油の種類と特性 ……………………………………………………… 1

　　1.1.1　原料による分類 ……………………………………………………… 1

　　　1)　大　豆　油 ……………………………………………………………… 1

　　　2)　菜　種　油 ……………………………………………………………… 2

　　　3)　とうもろこし油（コーン油） …………………………………………… 2

　　　4)　米　　　油 ……………………………………………………………… 3

　　　5)　べに花油（サフラワー油） ……………………………………………… 4

　　　6)　ひまわり油 ……………………………………………………………… 4

　　　7)　綿　実　油 ……………………………………………………………… 5

　　　8)　ご　ま　油 ……………………………………………………………… 5

　　　9)　オリーブ油 ……………………………………………………………… 6

　　　10)　落　花　生　油 ………………………………………………………… 7

　　　11)　パ　ー　ム　油 ………………………………………………………… 8

　　1.1.2　製造加工方法による分類 …………………………………………… 8

　　1.1.3　用途による分類 ……………………………………………………… 10

　　1.1.4　最近の新製品 ………………………………………………………… 11

　1.2　植物油の種類とその性質 ……………………………………………… 12

　　1.2.1　脂肪酸の種類と植物油の組成 ……………………………………… 12

　　1.2.2　植物油の種類と AOM 値 …………………………………………… 14

　　1.2.3　パーム油の分別と分別油の種類 …………………………………… 15

　　1.2.4　植物油の微量成分 …………………………………………………… 16

　　1.2.5　植物油の種類と粘度 ………………………………………………… 17

　1.3　植物油の調理性と調理の種類 ………………………………………… 17

　　1.3.1　油脂の調理性と調理の種類 ………………………………………… 17

　　　1)　高温で調理 ……………………………………………………………… 18

目　次

- 2) 加熱した少量の油脂は，高温調理で水分を除く ……………………… 19
- 3) 油膜が食品の付着を防止 ………………………………………………… 19
- 4) 油のうま味を付与 ………………………………………………………… 19
- 5) 油脂はエマルションを作りやすい ……………………………………… 19
- 6) ショートニング性とクリーミング性の付与 …………………………… 20
- 7) 融　解　性 ………………………………………………………………… 20
- 1.3.2　調理の種類と植物油の特性 …………………………………………… 20

1.4　植物油の基礎的な性質 …………………………………………………………… 21
- 1.4.1　植物油の賞味期限 ………………………………………………………… 21
- 1.4.2　保管場所と品質劣化 ……………………………………………………… 22
- 1.4.3　植物油の品質劣化の要因 ………………………………………………… 25
- 1.4.4　植物油および油脂使用食品の品質関係の法律，衛生規範など ……… 25

2. 揚げ油とその上手な使い方 …………………………………………………… 29

2.1　は じ め に …………………………………………………………………………… 29

2.2　揚げ油の基礎知識 ………………………………………………………………… 29
- 2.2.1　弁当・そうざいの衛生規範の概要（油脂関係のみ） ………………… 29
  - 1) 油脂の取扱い ……………………………………………………………… 29
  - 2) 油脂による揚げ処理 ……………………………………………………… 29
  - 3) 揚げ処理のための器具 …………………………………………………… 30
- 2.2.2　加熱劣化とは ……………………………………………………………… 30
  - 1) フライヤーおよび鍋の中の加熱劣化 …………………………………… 30
  - 2) スーパー惣菜の加熱劣化 ………………………………………………… 31
  - 3) 学校給食の加熱劣化 ……………………………………………………… 32
  - 4) 揚げ物別の加熱劣化 ……………………………………………………… 34
- 2.2.3　揚げ油に求められる特性 ………………………………………………… 35
  - 1) 加熱安定性（耐熱性）とその試験方法 ………………………………… 35
  - 2) 酸化安定性（保存安定性） ……………………………………………… 36
  - 3) 風　　味 …………………………………………………………………… 37
  - 4) 作　業　性 ………………………………………………………………… 37
- 2.2.4　加熱劣化の要因とその管理 ……………………………………………… 37
  - 1) 加熱劣化に影響を及ぼす要因とその対策 ……………………………… 37

2) トータルフライング管理の必要性 …………………………………………39
2.3　揚げ油の上手な使い方 …………………………………………………………40
　2.3.1　美味しい揚げ物を作るために ……………………………………………40
　　1) 揚　げ　順　序 ……………………………………………………………41
　　2) 放　置　時　間 ……………………………………………………………41
　　3) 揚げ温度と時間 ……………………………………………………………42
　　4) 揚げ温度の低下 ……………………………………………………………42
　　5) 揚げ油の種類と美味しさ …………………………………………………42
　　6) 酸価と美味しさ ……………………………………………………………42
　　7) 天ぷら粉，揚げ種などの材料 ……………………………………………43
　2.3.2　美味しい天ぷらを揚げるために …………………………………………43
　　1) 揚げ温度と時間 ……………………………………………………………44
　　2) 揚げ油の種類と選択 ………………………………………………………45
　　3) 揚げ油のさし油と油の管理 ………………………………………………47
　　4) 天ぷらに用いられる小麦粉と天ぷら粉 …………………………………48
　2.3.3　美味しいフライ類を揚げるために ………………………………………49
　　1) 揚げ温度と時間 ……………………………………………………………50
　　2) フライヤーの大きさと温度低下 …………………………………………52
　　3) 揚げ油の選択と油切れ ……………………………………………………53
　　4) パン粉，バッター粉の選択 ………………………………………………55
　2.3.4　美味しいから揚げ類を揚げるために ……………………………………57
　　1) から揚げの種類と調味 ……………………………………………………57
　　2) 揚げ温度と時間 ……………………………………………………………58
　2.3.5　フライヤーとろ過機の上手な使い方 ……………………………………59
　　1) 1日の揚げ量を決定する─フライヤーの大きさ ………………………59
　　2) 何を揚げるか決める ………………………………………………………60
　　3) 熱源を決める ………………………………………………………………61
　　4) ろ過機の必要性 ……………………………………………………………63
　　5) フライヤーの洗浄 …………………………………………………………64

3. 炒め油・離型油とその上手な使い方 …………………………………………67
3.1　はじめに …………………………………………………………………………67

目次

- 3.2 炒め物とその特徴 …………………………………………………… 67
- 3.3 炒め油とは …………………………………………………………… 68
  - 3.3.1 炒め油の機能 ………………………………………………… 68
  - 3.3.2 炒め油の種類 ………………………………………………… 69
  - 3.3.3 炒めにおける油脂の加熱劣化 ……………………………… 69
- 3.4 炒め油の上手な使い方 ……………………………………………… 72
  - 3.4.1 美味しい炒め物を作るために ……………………………… 72
  - 3.4.2 炒め油の使用量 ……………………………………………… 73
  - 3.4.3 炒め物用調理器具 …………………………………………… 73
  - 3.4.3 炒め物用調理機械 …………………………………………… 74
- 3.5 美味しい焼きそばを作るために …………………………………… 77
  - 3.5.1 炒め温度と時間 ……………………………………………… 77
  - 3.5.2 サラダ油と炒め専用油の比較試験 ………………………… 79
  - 3.5.3 サラダ油と炒め専用油の使用量 …………………………… 80
  - 3.5.4 炒め装置による炒め ………………………………………… 81
  - 3.5.5 中華蒸しめんの選択 ………………………………………… 82
- 3.6 離型油の上手な使い方 ……………………………………………… 83
  - 3.6.1 離型油の開発 ………………………………………………… 83
  - 3.6.2 厚焼き卵用離型油 …………………………………………… 84
  - 3.6.3 たこ焼き用離型油 …………………………………………… 87
  - 3.6.4 おにぎり用離型油―炊飯油 ………………………………… 87
  - 3.6.5 中華蒸しめん用離型油―麺ほぐし油 ……………………… 89

4. 香味油,オリーブ油,ごま油の上手な使い方 …………………… 95

- 4.1 はじめに ……………………………………………………………… 95
- 4.2 美味しい調理食品を作るために …………………………………… 95
  - 4.2.1 香味油,オリーブ油,ごま油の特徴と効果 ……………… 96
  - 4.2.2 香味油の製造法 ……………………………………………… 98
  - 4.2.3 香味油の種類 ………………………………………………… 100
  - 4.2.4 香味油の用途 ………………………………………………… 102
    - 1) ねぎ油をチャーハンに …………………………………… 102
    - 2) ねぎ油をたこ焼きに ……………………………………… 102

3) ねぎ油を焼きそばソースに ……………………………………………… 103
4) ねぎ油の各種中華料理への利用 …………………………………… 103
5) 他の香味油の調理食品への利用 …………………………………… 104

5. 廃食油の上手な捨て方・利用の仕方 …………………………………… 107

5.1 はじめに …………………………………………………………………… 107
5.2 廃食油の削減方法 ………………………………………………………… 107
5.2.1 油種の選択 ……………………………………………………………… 107
5.2.2 フライヤーの選択 ……………………………………………………… 108
5.2.3 適正な廃食油発生量 …………………………………………………… 108
5.2.4 その他 …………………………………………………………………… 109
5.3 廃食油の現状 ……………………………………………………………… 109
5.4 廃食油の用途 ……………………………………………………………… 111
5.4.1 飼料用添加油脂 ………………………………………………………… 111
5.4.2 脂肪酸用油脂 …………………………………………………………… 112
5.4.3 塗料用油脂（アルキド樹脂） ………………………………………… 112
5.4.4 印刷インキ用油脂 ……………………………………………………… 112
5.4.5 燃料用油脂（BDF） …………………………………………………… 112
5.4.6 燃料用油脂（直接使用） ……………………………………………… 115
5.4.7 石けん用油脂 …………………………………………………………… 115
5.4.8 輸出用 …………………………………………………………………… 116

1. 植物油の性質と調理

1.1 植物油の種類と特性

植物油には色々な分け方がある．ここでは原料による分類，製造法による分類，用途による分類と，最近の新製品および，それぞれの植物油の特性について述べる．

1.1.1 原料による分類

1) 大豆油

世界的に生産量が多く，日本での生産量も菜種油と肩を並べる．

原料の主な産地：アメリカ，ブラジル，アルゼンチン，中国．

油分含量：種子の 16～22％．

製造方法：抽出法．

特　　徴：オレイン酸やリノール酸が多く，リノレン酸も含まれバランスのとれた脂肪酸組成で，ビタミン E も豊富である．搾油時に発生する脱脂大豆は飼料や大豆たん白原料などに使われる．

風　　味：色は淡く透明で，少し甘味のあるうま味とサラッとした舌触りでコクがあるが，香りは少ない．光や酸素によって風味が変化し，加熱されると油っぽい風味になる．

主な用途：

揚げ物	◎
炒め物	○
ドレッシング類	○
製菓用	△
その他	油漬け

◎ やや良好　○ 普通　△ やや不良（以下同様）

惣菜で保存性の必要のない天ぷら，油揚げ，かまぼこなどや，炒め物に使われる．菜種油，コーン油などの酸化安定性のある植物油と配合されるが他の配合油より少なくする．

揚げ物に単体および配合して多く使われるが，泡立ちや粘度上昇などの耐熱性と揚げ物の保存性に影響する加熱酸化にやや弱い．炒め物では適切な温度で調理しないと加熱酸化

臭が発生する．

ドレッシング類は空気および光酸化により初期酸化の枯草臭が出ることがあるので，包装に注意が必要である．

保存性の必要な揚げ米菓には光，酸素などに対して酸化安定性が弱いので向かないが，大豆油のうま味，コクにより短期間に消費されるものや包装の工夫で使われることもある．

2) 菜種油

日本で最も生産量の多い油で，原料は主にカナダから輸入されるキャノーラ種である．

主な産地：カナダ，中国，インド，フランス．

油分含量：種子の38〜44％．

製造方法：圧抽法．菜種を焙煎して搾った油は赤水（あかみず）と呼ばれて主に油揚げに使われる．

特　　徴：通常の菜種油にはオレイン酸が約60％含まれている．オレイン酸をさらに多く含んだハイオレイック菜種油や低リノレン酸タイプの菜種油もある．菜種油は，耐熱性（加熱安定性）がやや強く，保存安定性もやや良く，加熱臭や酸化臭が出にくい油である．ハイオレイック菜種油はこれらの特徴がさらに強い．

風　　味：色は淡黄緑色で，大豆油よりも粘度が高いが淡白な味である．

主な用途：

	菜種油	菜種油（ハイオレイック）
揚げ物	◎	◎
炒め物	◎	◎
ドレッシング類	◎	◎
製菓用	◎	◎

揚げ物，炒め物，ドレッシング類などに単体および配合で使われ，大豆油よりも酸化安定性が高い．ハイオレイック菜種油はさらに高い．

製菓用として単体および配合で使われ，高温でも耐熱性が強く酸化臭の発生が少なく，ハイオレイック菜種油はさらに適した油である．夏季には菜種油（ハイオレイックとも）とパーム油を配合して使うことが多い．

3) とうもろこし油（コーン油）

原料のトウモロコシは主にアメリカ産が使われ，油は胚芽より搾油する．

主な産地：アメリカ，アルゼンチン，南アフリカ．

油分含量：コーン胚芽中40〜55％．

製造方法：圧搾法．

　特　　徴：リノール酸を多く含み，植物ステロール，ビタミンEも多くプレミアムオイルである．黄色種と白色種があり脂肪酸組成が若干違う．酸化安定性が高く，加熱劣化にも強く，揚げ物の保存性が良い．

　風　　味：圧搾法で搾られ，加熱された胚芽には焙煎臭に似た香ばしさがあり，コクのある甘いまろやかな風味を持つ．

　主な用途：

揚げ物	◎
炒め物	◎
ドレッシング類	◎
製菓用	◎
その他	油漬け

　揚げ物に単体および配合して使われ，香ばしくコクがあるので高級天ぷらに良く，さらにパン粉に合うので豚カツ，コロッケなどにも使われる．炒め物やドレッシング類にも単体および配合して使う．

　製菓に加熱して使う場合，味も良く，加熱劣化が少なく酸化安定性が良い．米菓用のサラダ掛けでも味と酸化安定性ですぐれている．

4）米　　油

　米糠（胚芽を含む）から抽出するが，国内では米糠の発生が減ったり精米所が分散されたりして集荷が困難になり，原油で輸入されることが多くなった．

　主な産地：日本．アメリカなどからの輸入もある．

　油分含量：糠および胚芽中 15〜20％

　製造方法：抽出法．

　特　　徴：オレイン酸含有量が約 40％で不飽和脂肪酸が多く含まれる．γ-オリザノール，トコフェノール，トコトリエノールが多く含まれるので酸化安定性がある．

　風　　味：色は淡黄色でかなり透明．異味異臭がなく味が淡白である．

　主な用途：

揚げ物	◎
炒め物	◎
ドレッシング類	◎
製菓用	◎
その他	油漬け

揚げあられ，せんべい，ポテトチップ，かりんとうなどの保存性食品に使われ，単体またはパーム油と配合して使われることが多い．

5) べに花油 (サフラワー油)

ベニバナ（紅花）の種子から搾油する．贈答用でリノール酸が多い健康に良い油として人気があった．

主な産地：アメリカ，メキシコ，インド．

油分含量：種子の25〜40％．

製造方法：圧抽法．

特　　徴：リノール酸を多く含むべに花油（ハイリノール）とオレイン酸を多く含むべに花油（ハイオレイック）があり，それぞれ約76％程度含まれる．べに花油はビタミンEが豊富で，リノール酸含量が高く健康に効果のある油とされていたが，現在はオレイン酸に人気が移り，ハイオレイックべに花油が主流になった．

風　　味：色は淡く透明で，あっさりとした風味である．

主な用途：

	べに花油 (ハイリノール)	べに花油 (ハイオレイック)
揚げ物	△	◎
炒め物	△	◎
ドレッシング類	◎	◎
製菓用	―	○
その他	油漬け	―

ハイリノールべに花油は酸化安定性と加熱安定性が弱いので，揚げ物では短時間，炒め物は低温での使用が望ましく，揚げ物，炒め物には不向きである．風味や凍りにくい性質によりドレッシング類の用途に適する．ハイオレイックべに花油はこれらの欠点がない．

6) ひまわり油

ヒマワリは主に東欧で栽培され，生産量は植物油中世界4位である．

主な産地：ロシア，アメリカ，アルゼンチン．

油分含量：種子の28〜47％．

製造方法：圧抽法．

特　　徴：ヒマワリの種子から搾油し，べに花油と同様にハイリノールとハイオレイックがある．ビタミンEも豊富である．

風　　味：色は淡く透明で，あっさりとした風味である．
主な用途：

	ひまわり油 （ハイリノール）	ひまわり油 （ハイオレイック）
揚げ物	△	◎
炒め物	—	◎
ドレッシング類	◎	◎
製菓用	—	○
その他	—	—

ハイリノール，ハイオレイックとも用途はべに花油と同様である．

7) 綿 実 油

綿の繊維を取ったあとの種子（綿実）から搾油する．

主な産地：中国，アメリカ，ロシア，インド，パキスタン．

油分含量：種子の 15〜25％．

製造方法：圧搾法．

特　　徴：リノール酸含有量が約 55％で，ビタミン E とのバランスも良好である．

風　　味：色は透明に近い淡黄色で，あっさりした甘味様の味を持ち，くせがない．

主な用途：

揚げ物	○
炒め物	○
ドレッシング類	◎
製菓用	—
その他	油漬け

単体や，ごま油との組み合わせが良く，高級天ぷら専門店で使われる．揚げ物，炒め物では短時間の調理が望ましい．

8) ご ま 油

原料は中国などから輸入され，一般にはゴマを焙煎し，独特の香ばしい香りと色を出してから搾油する．

主な産地：中国，インド，アフリカ，ミャンマー．

油分含量：種子の 44〜54％．

製造方法：圧搾法および抽出法．焙煎して圧搾．

特　　徴：天然の酸化防止剤のトコフェロールを含み，ごま油特有のセサモールも含まれ，酸化されにくい．

風　　味：独特の香ばしさと特有の色を持つ．

　濃口(こいくち)：焙煎温度が高く，ゴマ特有の香りを持ち，色も濃く少し苦味がある．

　淡口(うすくち)：焙煎温度が低く，風味，香りともマイルド．

　太白(たいはく)：ゴマを煎らずに搾った油で，あっさりとした風味．

主な用途：

揚げ物	◎
炒め物	◎
ドレッシング類	○
製菓用	―
その他	食卓用，風味付け，油漬け

　風味付けとして，天ぷら，中華料理，和風惣菜などに使用される．江戸前の天ぷらはゴマ風味がポピュラーで，香りを抑えた天ぷら専門店仕様の油もある．また，濃口＋淡口＋（綿実油，コーン油，太白）など配合は多種多様である．ごま油3～6割＋太白油＋コーン油も推奨品である．連続して加熱すると風味が飛ぶので，さし油（新油の補充）が必要である．ゴマ風味付け油としてバッター粉に入れる方法もある．製菓用として，ごま油を約3割と菜種油，コーン油を配合すると風味付けと酸化防止効果もある．

9) オリーブ油

オリーブの果実から搾油した油で，スパゲティをはじめとする地中海料理によく用いられ，健康食品や化粧品の原料にもなる．

主な産地：イタリア，スペイン，ギリシャ．

油分含量：果実の18～35％．

製造方法：冷圧搾法（コールドプレス）

特　　徴：独特の風味を持ち，オレイン酸を70％程度含む．果実からの搾油のため品種，産地，気候，搾油法などで特徴が異なる．低温で凍りやすい性質がある．バージンオリーブ油にはポリフェノール，カロテン，トコフェノールが多く含まれ酸化防止，栄養効果もある．

風　　味：特有の色，香りと味を持つ．

　バージンオリーブ油：色は黄金色から緑色で，フルーティな香りと特有で濃厚な味がある．最高品質のものは「エキストラバージンオリーブ油」と呼ばれる．

ピュアオリーブ油：色は黄色から淡黄色で，サラッとした口あたりと軽い風味を持つ．バージンオリーブ油と精製オリーブ油をブレンドしたものである．

精製オリーブ油：色は淡く透明でコクがあるが香りがあまりなく，あさっりとした風味である．

主な用途：

揚げ物	◎
炒め物	◎
ドレッシング類	○
製菓用	△
その他	油漬け

揚げ油にはバージンオイルを1～3割配合すると風味が良い．焙煎ごま油と同様に連続して加熱すると香りが飛ぶので，さし油が必要である．ピュアオリーブ油，バージンオリーブ油は加熱安定性があり，揚げ油に適している．炒め物には風味付けに用い，加熱安定性があるので非常に良い．ドレッシング類は風味が強いので1～3割の配合でよい．

10) 落花生油

落花生は多量の脂肪とたん白質を含む世界的な作物で，搾油用として油分を多く含む小粒とたん白質を多く含む食用の大粒がある．

主な産地：中国，インド，アメリカ，アルゼンチン．

油分含量：子実の44～56％．

製造方法：圧搾法および抽出法．芳香落花生油は焙煎してから圧搾したものである．

特　　徴：オレイン酸約55％，リノール酸30％を含む．酸化安定性，耐熱性もあるが，低温で凍りやすい．

風　　味：色は淡く透明で，甘味様の味があり，コクもある．油としては風味豊かである．焙煎した芳香落花生油は香ばしく甘味様の味が増すが香りが飛びやすい．

主な用途：

揚げ物	○
炒め物	◎
ドレッシング類	△
製菓用	－
その他	風味付け

揚げ物の場合，加熱安定性もあり味も残りやすく，香辛料の強いから揚げには良好であ

る．炒め物には酸化安定性と加熱安定性があるため非常に適しており，中華料理やフランス料理に用いられる．ドレッシング類に使用すると凝固点が比較的高いので，冷蔵庫で凍りやすい．

11) パーム油

アブラヤシの果実よりパーム油が得られ，種子からパーム核油が得られる．生産量が大豆油を超えて1位になった．

主な産地：マレーシア，インドネシア．

油分含量：果肉45～50%，種子44～53%．

製造方法：圧搾法．

特　　徴：常温で半固形の油で，分別した液状部を「パームオレイン」，固形部を「パームステアリン」と呼ぶ．さらに分別した「スーパーオレイン」もある．酸化安定性に優れ，加熱劣化に強く安定性がある．あまり精製していないレッドパームも市販されており，色付けなどに使用され，カロテン色素が豊富で健康食品でもある．

風　　味：色は常温で白色で，半固形であるので口どけ性が悪い．味は淡白で香りがなく，酸化すると泥臭い臭いがする．国内製品は精製度が高く，パーム油特有の臭いがないと言われる．

主な用途：

揚げ物	◎
炒め物	△
ドレッシング類	△
製菓用	◎

揚げ物には他の液状植物油と配合されて惣菜・外食産業のフライ用として使う．また揚げ菓子，即席めん，スナック菓子などの保存性が求められる食品に使われる．半固形であるので，炒め物にはあまり使われない．ドレッシング類には半固形および保存中の結晶のざらつきのためにあまり使われないが，分別やエステル交換して業務用に使われることがある．

1.1.2　製造加工方法による分類[1)]

食用油脂は，化学精製法，物理精製法によって精製したものと精製処理をしないものがあり，概略を図1.1に示した．

搾油した粗油にはガム質，遊離脂肪酸，色素，有臭物質，微細なきょう雑物などの不純物が含まれるために，製品の種類や使用目的に合わせて除去する必要がある．このような

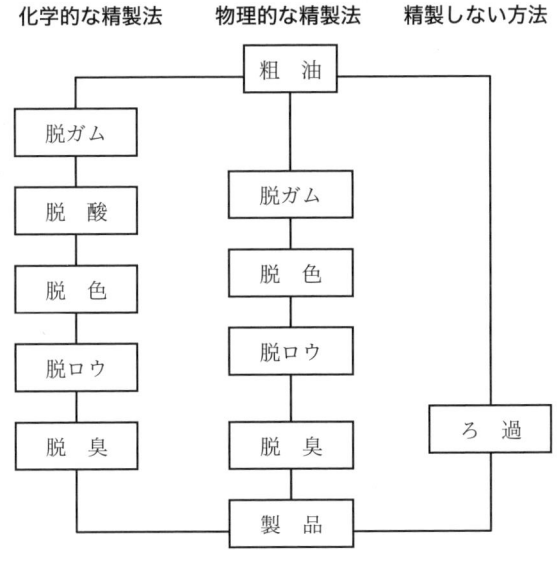

図 1.1 植物油の各精製法

不純物を除去することを精製という．

化学精製法は大豆粗油や菜種粗油のようにレシチン類の多い油に不可欠である．

脱ガムは粗油に温水を加え，レシチン類（リン脂質）を水和させ，遠心分離機で油と分離し，除去する．リン脂質は，その性状からガム質と呼ばれて，乾燥させたものが市販されているレシチンであり，健康食品や乳化剤として使われる．リン脂質が油の中にあると保存中に沈殿したり，揚げる時に着色したり，泡立ちの原因となる．

脱酸は脱ガム油中に含まれる遊離脂肪酸をアルカリ（カセイソーダなど）と反応させて，セッケンにして遠心分離機で除去する．この工程で微量金属や色素の一部も除去される．除去された不純物はアルカリ油滓（ダーク油）と呼ばれる．

脱色は油に活性白土を加え，クロロフィルやカロテノイド系色素を吸着させて脱色する．色素類を含んだ白土はろ過して除去する．

脱ロウはべに花油や綿実油などのロウ分の多い油で行われる．方法は油を冷却して低温で固まるロウ分を析出させ，ろ過してロウ分を除去する．

脱臭は脱酸，脱色を終えた油に，高温，高真空の状態で水蒸気を吹き込み，有臭成分を除去する．この工程の副産物がトコフェロール（ビタミンE）などである．

物理精製法は，蒸留脱酸法や水蒸気精製法とも言われ，精製効率に優れている．この製法はアルカリを用いないのでアルカリ油滓の処理費の必要がない．物理精製で製造される種類は，主にひまわり油，菜種油，サフラワー油，パーム油などである．

精製処理をしない油は，風味を大切にし，芳香成分を残すために，バージンオリーブ油，焙煎ごま油，焙煎落花生油，焙煎菜種油（通称「赤水」）などがある．

1.1.3 用途による分類[2]

食用油脂の用途別の分類を**表 1.1**に示した．この本で述べるのは，植物油単体やこれらの調合油および乳化剤を添加した専用油や若干の加工油脂についてである．動植物油脂を原料に水素添加，エステル交換などをした後に，乳化剤添加や混練り，冷却して加工したショートニング，マーガリンなどの加工油脂については他の本を参照して頂きたい[3,4]．

表 1.1 食用油脂の用途別分類

用途別	植物油および加工油脂	具体的な用途 大分類	具体的な用途 小分類
揚げ油	大豆油，菜種油，コーン油，米油，落花生油，ごま油，パーム油，パームオレイン，ラードなどとこれらの調合油 ショートニング	飲食店 流通業 給食用 食品工業	食料店，外食産業，レストラン，ファーストフードなど スーパー，コンビニ，店内ベーカリーなど 学校，産業，病院給食 豆腐・油揚げ，揚げかまぼこ　など 即席めん類 スナック菓子，米菓，油菓子など スーパー惣菜類
ドレッシング油	大豆油，菜種油，コーン油，米油，綿実油，オリーブ油，べに花油，ひまわり油など		マヨネーズ ドレッシング
炒め油	大豆油，菜種油，コーン油，米油，ごま油と調合油など マーガリン 離型油	飲食店 惣菜類 製パン	食料店，外食産業，レストラン 卵焼き，焼きそば パンなど
香味油	各種香味油		和風，洋風，中華風料理 調理食品および冷凍食品 たれ・スープ類，畜肉・魚介類 調味料，菓子
焼き物用油	マーガリン ショートニング	製菓用	洋菓子 ビスケット，パイ 人形焼，鮎焼き　など
製菓用油	ショートニング ハードバター 高安定性油脂 スプレー用	製菓用	アイシング チョコレート ラクトアイス，アイスクリーム 米菓 ビスケットなど
練り込み用油	マーガリン ショートニング 大豆油，菜種油など	製菓用 製パン 水産練り製品	洋菓子 ビスケット，パイ 食パン，菓子パン 学校給食パン 焼きちくわ　など

揚げ油は外食産業，スーパーの惣菜，コンビニエンス・ストアの食品製造，産業給食などの揚げ物に使う食用油脂である．具体的には植物油単体やこれらの調合品，またこれらの油に乳化剤を添加して揚げ物に含まれる水分を急速に蒸発させる専用油や，植物油を原料にしたエステル交換油も揚げ油に使われている．

さらに，従来から使われているラードのような動物脂もあり，ショートニングのような酸化安定性や加熱安定性がある加工油脂も使われる．

炒め油は揚げ油と同様の油が使われることが多いが，最近では少量で250℃前後の高温で使われることが多いことから，より酸化安定性の強いハイオレイック菜種油，オリーブ油のような油を使うとより美味しくなる．さらに焼きそばやチャーハンなどを大量に製造する食品工場では，焦げ付かない離型性を持ち，作業終了後の洗浄性に優れた炒め専用油も広く使われている．

卵焼きを作る時に，剥がれやすく外観も良くする離型油が販売されている．さらに，おにぎり整形機で，歩留まりを向上させ釜離れを良くする離型油も市販されている．

ドレッシング油は通常サラダ油と言われるが，ここではドレッシング類に使われる油とした．市販されているサラダ油の単体および配合品を使うことが多い．ドレッシング類は香辛料や調味料を使い風味を大切にするために特に新鮮な油を用い，開封後は使い切ることを推奨する．常温で流通するために酸化安定性のある油が求められ，ドレッシング類は開封後に冷蔵庫に入れて保存するので凍りにくい耐寒性のある油が最適である．

香味油は，工場で大量に作られる加工食品や調理食品などの風味を補強するために開発された油である．

1.1.4 最近の新製品

化学的な，または酵素的なエステル交換を行ったり，限定された原料から搾られる油などが新製品として登場している．

天然の油脂は，構成脂肪酸の比率はその油脂によりほぼ決まっているが，トリグリセリドの脂肪酸の結合位置は一定でない．

エステル交換反応は，油脂を構成するトリグリセリドのグリセリンに結合している脂肪酸配置を組み換える方法である．3つの脂肪酸の結合位置を変えたり，種類の異なる脂肪酸を分子外から加えて変えることにより油脂の特性が変わる．エステル交換を無作為に行わせるランダム型（無差別型）と，反応の方向を指示して行われるディレクテッド型（指向型）の2つの型がある．そのモデルを図1.2に示した[5]．

エステル交換では，油脂の硬さや牛脂，ラードの融点は変わらないが，大豆油，綿実油，パーム油などは融点が変わり上下する場合がある．ラードは使いやすい可塑性のある油脂

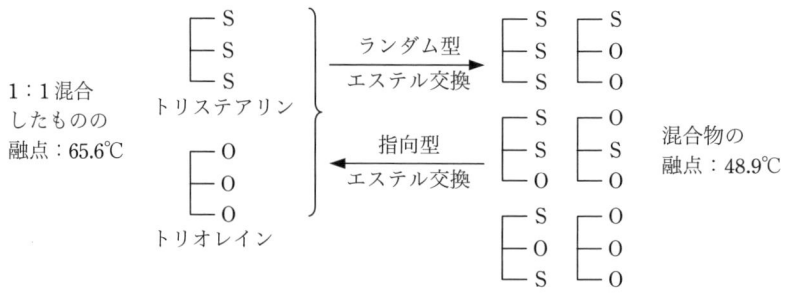

図 1.2 エステル交換のモデル図

であるが，結晶が大きく粒状の組成になりやすいために結晶形を改善する．空気を抱き込むクリーミング性も不良であるのでエステル交換により改良する[5]．

エステル交換では油脂の物性や栄養的な改質を行うことができ，家庭用，業務用の商品開発に利用されている．

酵素的エステル交換は，動植物や微生物から単離されたリパーゼという酵素を利用し，特定な位置から脂肪酸を切り離し，特定な位置に移したり，特定の脂肪酸を結合させたりして加工する方法である．この方法を用いたものに下記の商品がある．

花王「エコナクッキングオイル」（現在は販売を中止している）は，大豆油と菜種油から酵素的に分解抽出したトリグリセリド（通常の食用油）の 2 位の脂肪酸がないジグリセリドが主成分である．この油は，食後の血中に出てくる中性脂肪が，通常の油脂の半分以上少なく，体に蓄積される脂肪酸も少なくなると言われている[6]．

日清オイリオグループの「ヘルシーリセッタ」は，エステル交換により導入された油の分子の中に含まれている中鎖脂肪酸が，肝臓へ通じる門脈を経て，直接肝臓に運ばれ，効率よく分解されエネルギーになり，そのために体に脂肪がつきにくい．一般の食用油に含まれる長鎖脂肪酸は，体に吸収された後，リンパ管，動脈を通って脂肪組織，筋肉，肝臓に運ばれて分解され，残りは体に貯蔵され，必要に応じて分解されエネルギーになる[7]．

他の新製品として味の素「健康サララ」がある．大豆と濃縮大豆胚芽を原料とする油で，コレステロールの体内への吸収を抑える働きがある天然の植物ステロールを豊富に含んでいるので，血中総コレステロールや悪玉（LDL）コレステロールを下げるのが特徴である[8]．

1.2 植物油の種類とその性質

1.2.1 脂肪酸の種類と植物油の組成

油脂はグリセリンと脂肪酸がエステル結合しており，脂肪酸の種類により栄養的に異なり，物理的な性質や化学的な性質も異なる．また，油脂を構成する脂肪酸の種類が違えば

油脂の性質も異なる．脂肪酸には二重結合のない飽和脂肪酸と二重結合を持つ不飽和脂肪酸がある．不飽和脂肪酸の中には，二重結合を 1〜3 個持つ脂肪酸がある．二重結合を多く持つ脂肪酸を含む植物油は，化学的に不安定で酸化されやすい．

代表的な脂肪酸の構造式を**図 1.3**に示した[9]．二重結合を 2 個以上持つ脂肪酸は，動物の体内で生合成できないので必須脂肪酸と言われ，栄養学的には重要である．

脂肪酸組成は植物油の種類によって異なり，菜種油でもエルカ酸の多い品種からエルカ酸の少ないキャノーラ種と言われる主流の菜種油，近年開発され普及したハイオレイック菜種油まである．ハイオレイックには他にひまわり油，べに花油（サフラワー油）もある．とうもろこし油（コーン油）もホワイト種とイエロー種によって脂肪酸組成が違う．植物油の種類は多種多様であり，当然脂肪酸組成が違えば，物性や化学的な特性も違う．

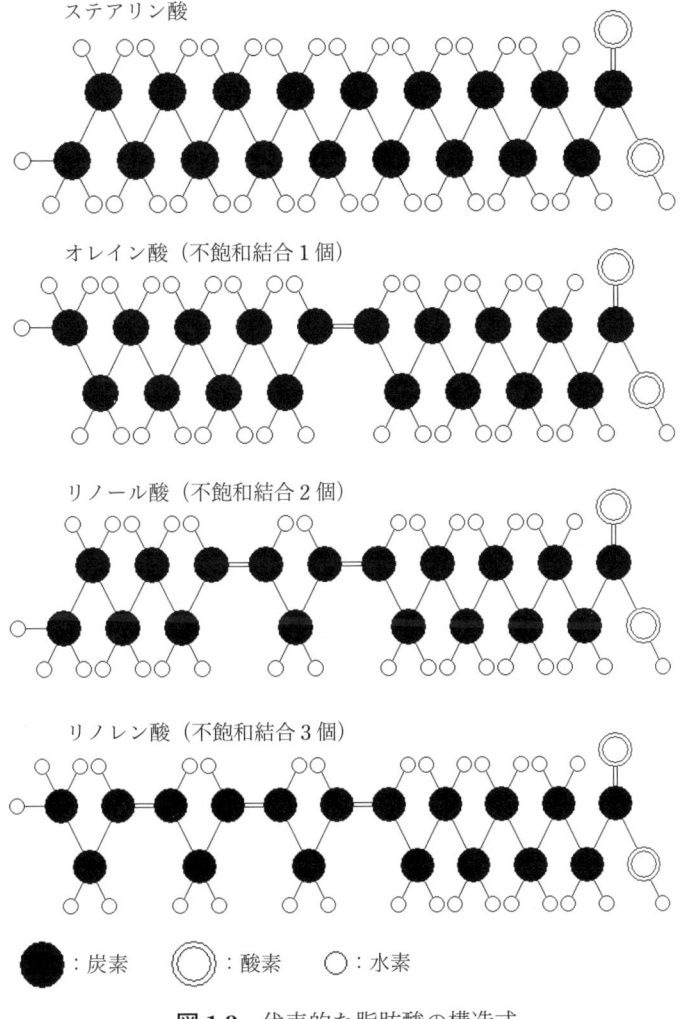

図 1.3 代表的な脂肪酸の構造式

1.2.2 植物油の種類とAOM値

植物油は，主に熱，空気（酸素），光などにより酸化されるので，この酸化要因を用いて色々な装置や器具で酸化安定性を測定する．酸化安定性試験の代表的な試験方法はAOM試験法で，最近では自動化されたCDM試験法がある[10]．

① AOM試験は，試料油を試験管に一定量取り，98℃に加熱して清浄空気を吹き込み試料油の過酸化物価[注]が100meq/kgになる時間を測定する試験法である．AOM値の長い植物油は安定性があると言える．

注）過酸化物価
　簡単に言えば，油の分子にどれくらい酸素が付いたかを表す値である．化学的には，過酸化物は酸性溶液中でヨウ化カリウムと反応して，定量的にヨウ素が遊離する．この遊離するヨウ素を油脂1kgに対するミリ当量（meq/kg）で表す．過酸化物価は自動酸化の初期に生じる第一次生成物量を示すものである．

② CDM試験は，試料油を特殊な試験管に採取し，AOM試験と同様の温度で一定量の空気を送り込み，酸化によりできた揮発性分解物を水中で捕集し，水の伝導度が急激に変化する変曲点までの時間で測定する方法である．

植物油の種類とAOM値の関係を図1.4に示した[11]．この図より植物油の種類や品種によりAOM値が違うことがわかる．例えば，ハイリノールべに花油（サフラワー油）は約7時間，ハイリノールひまわり油は約10時間と短く，一般的にはリノール酸やリノレン酸が多く含まれる植物油が短くなっている．一方，ハイオレイックひまわり油は約40時間，

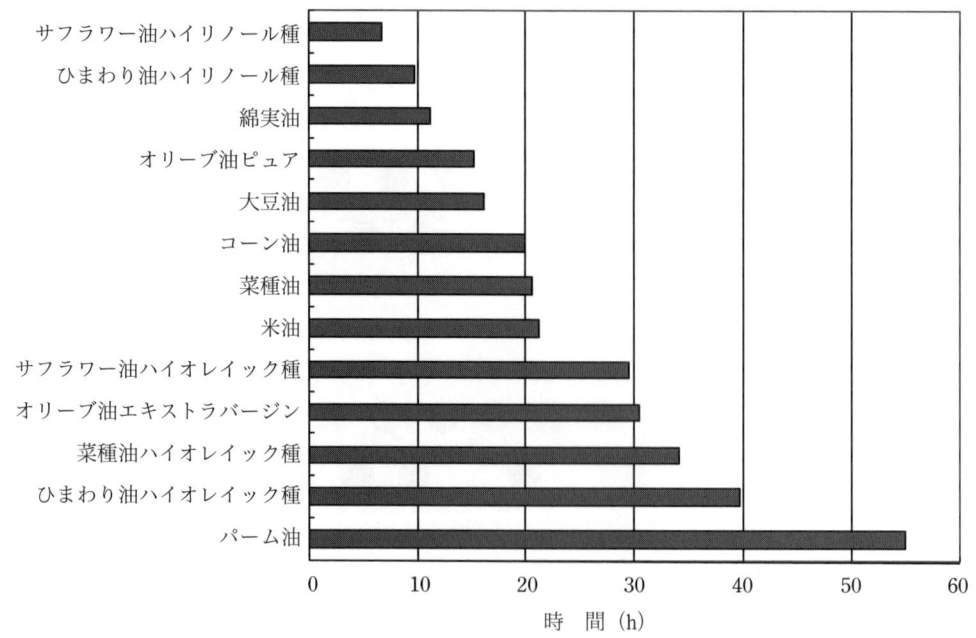

図1.4　植物油の種類とAOM値

表 1.2　各脂肪酸の酸化速度の比較＊

脂肪酸	Sterton (100℃)	Holman (37℃)	Gunstone (20℃)
ステアリン酸	0.6	—	—
オレイン酸	6	—	4
リノール酸	64	42	48
リノレン酸	100	100	100
アラキドン酸	—	199	—

＊ リノレン酸を 100 とした値.

パーム油は約 55 時間である．AOM 値はオレイン酸や飽和脂肪酸が多い植物油が長くなっている．ひまわり油，べに花油，菜種油でもオレイン酸が多い油は AOM 値が長く安定性があると言える．

各脂肪酸の酸化速度の比較を**表 1.2** に示した[12]．

1.2.3　パーム油の分別と分別油の種類

パーム油は色々な融点の油脂（トリグリセリド）からなっており，原油のままで使用する場合もあるが，惣菜および外食産業で使う時は，分別されたより低融点部分を使うことが多い．パーム油の分別による融点の違いを**図 1.5** に示した[13]．

惣菜や外食産業で使われるのはパームオレイン，ダブルオレイン，スーパーオレインと言われるパーム分別油である．しかし，パーム油は単独では缶から取り出しにくいので作

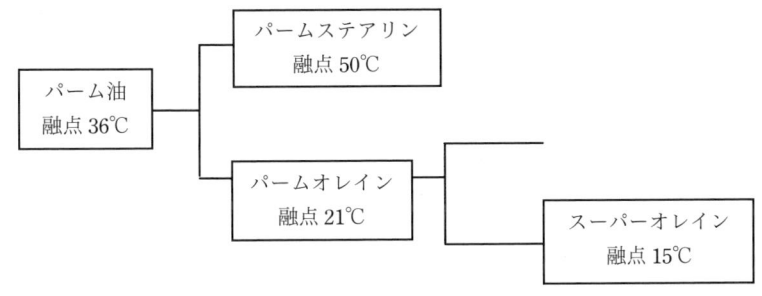

図 1.5　パーム油の分別

表 1.3　各種温度におけるパーム分別油の状態

	0℃	5℃	10℃	15℃	20℃	30℃	35℃
パーム油	×	×	×	×	×	×	△
DL	×	×	×	△	△	○	○
SO	×	×	○	○	○	○	○

DL：ダブルオレイン　SO：スーパーオレイン
○ 液状，△ 半固形，× 固形．

表 1.4 各温度におけるパーム油と菜種油の配合油の状態

ダブルオレイン

パーム油：菜種油	0℃	5℃	10℃	15℃
100：0	×	×	×	△
50：50	×	×	△	△
30：70	×	△	△	○
20：80	×	△	○	○
0：100	○	○	○	○

スーパーオレイン

パーム油：菜種油	0℃	5℃	10℃	15℃
100：0	×	×	△	○
50：50	×	△	○	○
30：70	×	○	○	○
20：80	○	○	○	○
0：100	○	○	○	○

○ 液状，△ 半固形，× 固形．

業性が悪く，さらに味が淡白であることから，常温で液状の他の植物油と配合されることが多い．

各種温度におけるパーム分別油の状態を**表 1.3** に示した[14]．また，菜種油と配合した油の各温度における状態を**表 1.4** に示した[14]．

1.2.4 植物油の微量成分

ビタミン E はトコフェロールとも呼ばれ，いくつもの種類あるが，主に $\alpha, \beta, \gamma, \delta$-トコフェロールが植物油の中に存在し，油脂の酸化防止能は，$\alpha<\beta<\gamma<\delta$ に順に高い．身体への生理活性能はこの逆で，繁殖や成長を促す作用と老化を抑える酸化防止能がある．

植物ステロールは，いくつもの種類があり，植物油の種類により組成が異なる．ステロールは植物油の精製段階で副生するスカムより分離精製する．植物ステロールは動物ステロールと構造が似ているために，植物ステロールを含む油や食品は消化吸収の段階で動物ステロールの吸収を抑える働きをする．さらに吸収された後に血中コレステロール値を低下させる効果が認められている．

米油に含まれるオリザノールには酸化防止効果のほか，生理効果として成長促進，卵胞ホルモン様作用や更年期症候群などの治療効果があるといわれている．

ごま油に含まれるセサミン，セサモリン，セサモールという特殊な成分は，油脂の酸化防止能があり，動脈硬化や老化を促進する活性酸素を抑える生理活性もある．

1.2.5 植物油の種類と粘度

植物油はその種類とハイリノール種やハイオレイック種のような品種により動粘度[注)]が異なる．主な植物油の粘度を**表 1.5**に示した[14)]．油やでん粉などの溶液は，味を感じないが水と異なる質感がある．この質感はボディー感やコクの一種と言われる[15)]．粘度が高いとコクがあると言われるが，コクには風味が加わる必要がある．パーム油のように室温で半固形の油脂は，そのままでも分別した油脂でも粘度が高いがコクがあるとは言い難い．菜種油は大豆油やコーン油より粘度が高いが淡白な味である．また，二重結合の多いハイリノール種はハイオレイック種よりは粘度が低いことが多い．

注）動粘度
　粘度をその液体の同一状態（温度，圧力）における密度で除した商を言う．一般的には，粘度と言い，植物油では25℃（液状油）と50℃（固形脂）で計測し，センチストークス（cSt）で表す．

表 1.5　各種植物油の粘度

植 物 油	粘度[*1]	植 物 油	粘度[*1]
大豆油	54.1	米　油	67.7
菜種油	61.0	綿実油	60.7
菜種油（ハイオレイック）	67.8	オリーブ油	67.6
コーン油	56.4	落花生油	67.9
ひまわり油（ハイリノール）	54.3	ごま油	60.1
ひまわり油（ハイオレイック）	70.5	パーム油	29.1[*2]
べに花油（ハイリノール）	53.4	パームオレイン	74.5
べに花油（ハイオレイック）	68.6	パームダブルオレイン	70.1
		スーパーオレイン	65.2

*1　動粘度（cSt, 25℃）．
*2　50℃で測定．

1.3 植物油の調理性と調理の種類

1.3.1 油脂の調理性と調理の種類

油脂の調理性について**表 1.6**に示した[16)]．油脂は種々の調理上の特性を持っている．

植物油を使った食品は数多くあるが，その食品に合った油を使わないと問題を起こすことが多い．油脂，特に植物油は酸化に弱く，適正に取り扱わないと大規模なクレームを起こすことがある．

植物油は，種類によって常温で酸化する機構が異なり，また，加熱した食品の酸化は，その食品によってメカニズムが違う場合が多い．例えば，植物油で揚げた米菓は，その商品ごとに保存性が違う．膨化度（米菓の容量），水分含量，調味料の相違，乾燥や冷却など

表 1.6 油脂の調理性

油脂の調理性		調理の種類							
		揚げ物	炒め物	焼き物	マヨ・ドレ	製菓用	食卓用	油漬け	風味付け
1	加熱によって容易に高温調理	○							
2	加熱した油は少量で水分をとり高温調理		○	○					
3	油膜が食品の付着を防止		○	○				○	
4	油のうま味を付与	○	○	○	○	○	○	○	○
5	油はエマルションを作りやすい				○	○			○
6	ショートニング性・クリーミング性の付与					○			
7	融解性					○	○		

の製造方法が異なるなど，色々な要因が複雑に関係し保存性に影響するためである[17]．

植物油では常温における酸化と加熱劣化による品質低下は異なる．また，調理によって品質劣化が違うし，植物油の種類によっても異なる．

油脂による食品の品質劣化を防止するには，酸化・加熱劣化×調理の種類×植物油の種類，というように無数にある変数を制御する必要がある．

昭和50年代には精製した植物油単体が汎用され，調理の種類により使い分けることはなく，そのために問題を起こすことが多かった．その後，大豆油は長期間保存する食品には使えないが，油揚げ，揚げかまぼこなどの日配品には使えることが分かった．菜種油やコーン油などの酸化安定性のある油は，単体や配合品で揚げ物や炒め物などの調理別や，米菓，かりんとうのような食品別に使い分けてきた．しかし，製造現場よりその食品に合った種類の油や使用方法を求められ，調理別や食品別に専用油が出てきた．

1) 高温で調理[16]

油脂は比熱が0.45前後で小さく，簡単に100℃以上の温度を得ることができるので，食品を高温短時間で調理できる．この調理法は主に揚げ物で，温度150〜200℃，時間は5〜10分である．

揚げ物は炒め物や焼き物と異なり，全面から加熱されるので，花が咲いたように衣が散る天ぷらのように急速に水分を蒸発させて短時間に調理することができる．

揚げ物は高温で調理されるので，でん粉は急速にα化し，たん白質は熱変性して可食状態になる．食品中の水分と油を置き換えることにより油のうま味も付与される．

惣菜や外食産業で揚げ物を多くするのは，短時間で美味しい食品ができるためである．水の比熱は約1で油の2倍であり，大気圧では沸騰しても100℃以上にならないので，揚げ物より煮物は時間が掛かる．

2) 加熱した少量の油脂は，高温調理で水分を除く [16]

少量の油脂を使って調理する炒め物や焼き物は，高温で加熱し，食品中の水分を除去する．この調理法は，温度200～250℃で，時間は2～5分と短時間である．

3) 油膜が食品の付着を防止 [16]

鍋や天板に食品材料が付着しないように少量の油脂を使用する．油と水は混ざらないので，鍋，天板や食品材料の表面に油膜や油の層が出来る．たん白質やでん粉は親水性のために，油と混ざることなく調理することができる．

油の中に少量の大豆レシチンや乳化剤を添加することにより，より離型性を増した油も開発されている．厚焼き卵，焼きそば，チャーハンなどの炒め物や焼き物に利用されている．また，新しい用途として，米飯の釜離れを良くし，おにぎり整形機でも米飯が付着しないような離型油が開発されている．

4) 油のうま味を付与 [16]

油脂は，揚げ物，炒め物，焼き物などで高温加熱調理するために利用されるが，油のうま味も付与する．油がなければ美味しくない．油自身には，かつお節や昆布のようなうま味はないが，食品の中の油はうまく感じる．伏木[18]は油脂を好きになるのに日数が必要であるが，食べると高カロリーが脳に伝えられ，それが期待感になり，美味しいと感じるようなると述べている．

天ぷらでは小麦粉中のアミノ酸と油の中のリノール酸が高温で反応して美味しい香気成分がでる．焼きそばでは油があると喉越しが良い．油には色々な美味しさの秘密がある．

5) 油脂はエマルションを作りやすい [16]

油と水は混ざらない代名詞のように言われるが，ドレッシングやマヨネーズのような油と水を使った食品がある．容器に油と水を入れて激しく振ると油は油滴になって乳化するが，しばらくすると比重差で分離する．乳化を助け，乳化を維持する添加物として乳化剤や増粘多糖類がある．マヨネーズは卵黄を乳化剤として利用した食品である．

6) ショートニング性とクリーミング性の付与 [16]

油脂は，ビスケット，クラッカー，クッキーやパイなどのような小麦粉を使った菓子に混合すると，もろく砕けやすい性質を付与する．この性質をショートニング性と言う．また，油脂は撹拌した時に空気をよく抱き込む性質があり，バタークリームやスポンジケーキを作る時に利用する．この性質をクリーミング性と言う．これらの用途には，精製した動植物油やその硬化油を原料に10〜20％の窒素ガスなどを入れて，または乳化剤を混合し，急冷して作るショートニングが使われる．

7) 融解性 [16]

固形脂は常温では固体で熱を加えると液体になる．バターやマーガリンは口の中の温度で溶けるので食卓用に使用される．チョコレート，冷菓，各種クリーム類の原料には室温で硬く，口の中に入れた時に溶ける油脂が必要である [19]．

1.3.2 調理の種類と植物油の特性

前項で油脂の調理性と調理の種類を説明したので，ここでは調理の種類と植物油の持つ特性との関係を述べる（表1.7）．調理の種類によって油を選ぶ必要があり，調理に適した配合油や専用の油も開発されている．

揚げ油では，惣菜や外食産業で使われる植物油と，保存性が要求される米菓やかりんとうに使われる植物油は異なっている．前者は，加熱され1週間以内に食べられるので加熱安定性が重要で，後者は揚げた製品が2〜3か月常温で流通されるので酸化安定性がより重要である．

炒め油では，高温で短時間炒められるので加熱安定性よりも高温における酸化安定性が求められる．さらに炒める時に，鍋や釜に調理品が付着したり，焦げ付いたりするので離型性が求められる．また，作業終了後に調理器具を洗浄するので洗いやすさも必要である．

ドレッシング油では，常温で長時間流通されるので酸化安定性が必要で，生で食べられ

表1.7　調理の種類と植物油の特性

	加熱安定性	酸化安定性	うま味	風味	離型性	洗浄性
揚げ油（惣菜類）	◎		◎	○		
揚げ油（菓子類）	○	◎	◎	○		
炒め油	○	◎	◎	○	◎	◎
離型油	○	◎	◎	○	◎	◎
ドレッシング油		◎	◎	○		
香味油		◎	◎	◎		

◎ 最適，○ 適．

るのでうま味も必要である．

　香味油は油の持っているうま味に，さらに香味野菜などのうま味や風味を加えて登場した商品である．香味油は調理現場で個々に小ロット，多種類で作られていたが，加工食品や調理食品などで多量に使われるようになると，品質が均一で本格的な製品が必要になり，工場で多量に生産されるようになった．

1.4　植物油の基礎的な性質

1.4.1　植物油の賞味期限

　賞味期限は食品衛生法で決められている．植物油は缶や紙容器では直射日光を避け常温で保存し，透明ガラス容器やプラスチック容器（通称ポリ容器）では，直射日光を避け常温の暗い所で保存する．賞味期限は食品の特性などに応じて，理化学試験，微生物試験，官能検査などに基づき，科学的・合理的に設定する．植物油でも，これらの方法で製造または加工を行う者が賞味期限を決める．植物油の製造者が共同で行った評価結果を**図 1.6**に示した[20]．風味の評価は5点法で，5：非常に良い，4：良い，3：普通，2：悪い，1：非常に悪い，で表現し，3点を下回わる時点をもって賞味期限とした．同時に過酸化物価も測定し，官能評価も行っている．食品は多くの場合，官能評価の結果が賞味期限になる場

表 1.8　賞味期限の設定

区　分	保存方法	Ⅰ （サラダ油など）	Ⅱ （ごま油）	Ⅲ （香味油）
A（缶など）	直射日光を避け，常温で保存すること	2年	2.5年	個別に設定
B（透明瓶）	直射日光を避け，常温の暗い所に保存すること	1.5年	2年	個別に設定
C（ポリ容器）		1年	1.5年	個別に設定

表 1.9　化学的特数値

		酸　価	過酸化物価	論　拠
サラダ油		0.15	10	酸価は JAS サラダ油規格
精製油		0.20		酸価は JAS 精製油規格
その他	菜種油	2.0	15	酸価は JAS なたね油規格
	ごま油	4.0	15	酸価は JAS ごま油規格
	オリーブ油	2.0	15	酸価は JAS オリーブ油規格
香味油		製造者にて設定		品質特性が多岐にわたるため

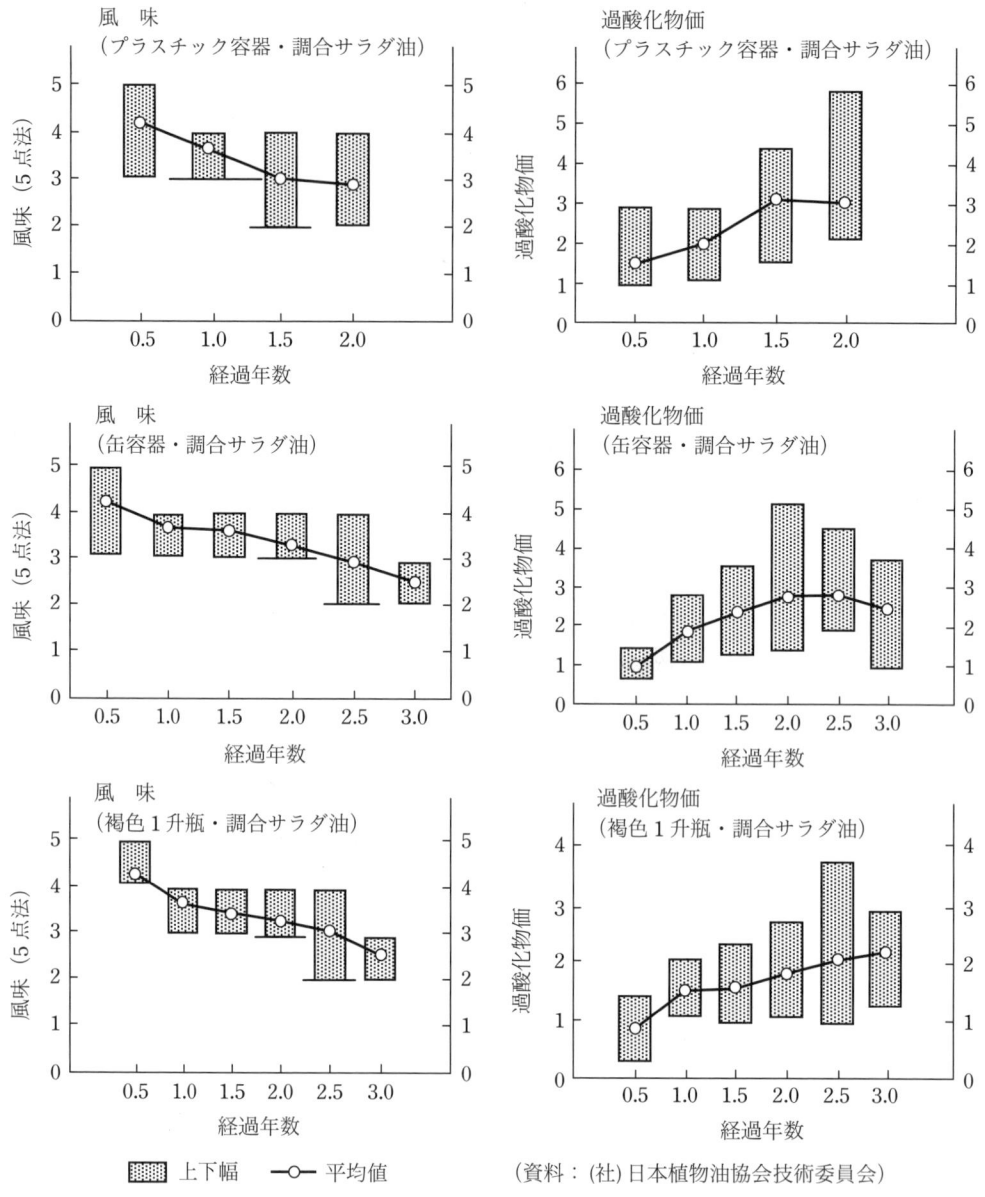

図 1.6　標準賞味期間設定時の評価結果

合が多く植物油も例外ではない．植物油の日付表示ガイドラインにおける賞味期限を**表 1.8**に示した[20]．また，植物油の化学的特数値を**表 1.9**に示した．植物油は主に官能評価，酸価，過酸化物価の 3 つの指標で決められ，酸価は JAS 法，過酸化物価の 10 は CODEX（FAO および WHO により設置された国際的な政府間機関で作成された国際食品規格）に準拠している．

1.4.2　保管場所と品質劣化

　消費者は賞味期限の条件である保存方法に従って保存するとは限らない．そこで，保管

場所および品質経時変化状況を**図1.7**に示した[21]．この図はプラスチック瓶と金属缶における保存場所の違いによる過酸化物価の変化を示したものである．

　プラスチック瓶の品質低下の激しい保管場所は，明るい場所と温度の高い場所である．図1.7の⑤の温度の高い場所では，60日で過酸化物価が約10meq/kg，風味3で食用可で

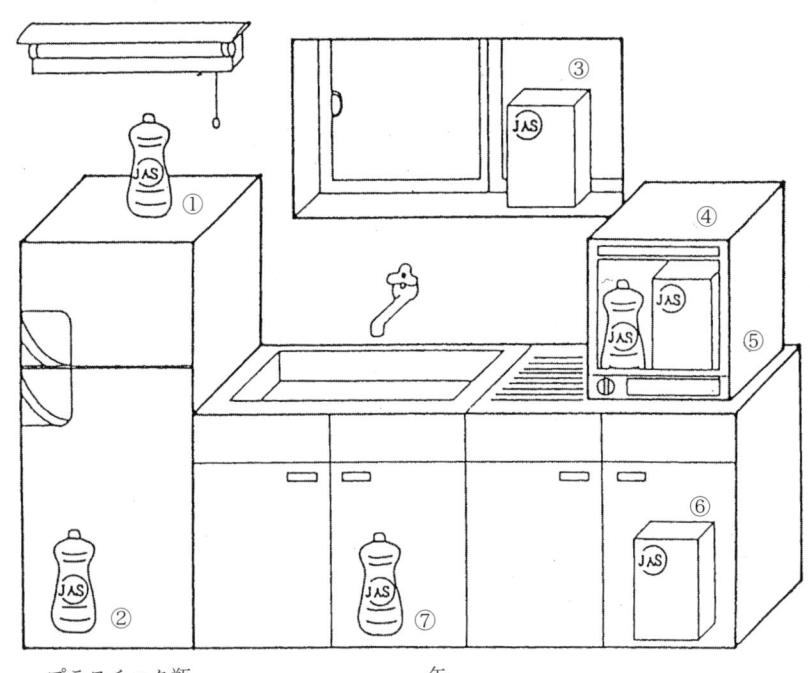

プラスチック瓶
①明るい場所（蛍光灯の下）
⑤温度の高い場所（恒温槽35〜40℃）
⑦室温冷暗所（流しの下の戸棚）
②冷蔵庫（5℃前後）

缶
③明るい場所（北側窓際）
④温度の高い場所（恒温槽35〜40℃）
⑥室温冷暗所（流しの下の戸棚）

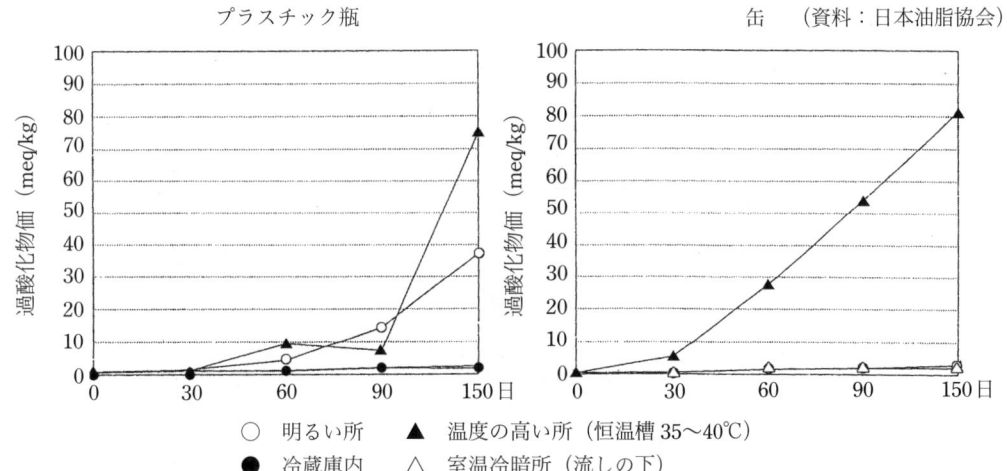

○ 明るい所　　　▲ 温度の高い所（恒温槽35〜40℃）
● 冷蔵庫内　　　△ 室温冷暗所（流しの下）

図1.7　保存試験（保管場所および品質経時変化状況）

あった．90日では過酸化物価が72.4meq/kg，風味2で食用可であった．また，図1.7の①の蛍光灯のような光の当たる場所は酸化が進みやすい．この明るい場所の30日目の評価は風味4で，過酸化物価も1.64meq/kgであり風味もそれほど低下していない．60日では過酸化物価が4.5meq/kgで風味は4であった．90日では過酸化物価は14.4meq/kgで，揚げ油の上限10meq/kgも超えて評価も食用可の最低限の3であった．それ以降は過酸化物価も風味も食用不可であった．スーパーや小売店の光の当たる場所での長期間の保存・陳列は不向きと言える．冷蔵庫内では，30日では過酸化物価は約1.64meq/kgと低く風味も5であり，以降150日でも過酸化物価が約1.76meq/kg，風味も4であった．冷暗所では，150日でも過酸化物価が低く風味も3と食用可であった．プラスチック瓶では冷蔵庫も冷暗所もそんなに変わらないと思われる．

　缶入りでは，図1.7の④の温度の高い場所に置いた時に，60日で過酸化物価が約30meq/kgに上昇し風味もかろうじて3であった．それ以降，過酸化物価が急速に上昇し風味も急速に低下した．明るい北側窓際に置いた植物油では，210日でも過酸化物価は約4meq/kgで風味も3と食用可であった．室温冷暗所では，240日で過酸化物価が約4.2meq/kg，風味は3で食用可であった．缶入りでは明るい場所，冷暗所でも一定期間品質が保持できる．植物油は，製造直後から酸化が始まるので，買いだめは控えることが得策である．

　植物油の容器別保存試験の結果を図1.8に示した[10]．保存条件は24時間連続室内散光下で保存日数は20か月である．店頭ではこのように長く放置されることがないが容器別の保存性を知ることができる．ガラス瓶（1升瓶）の過酸化物価の上昇は，開始0.9meq/kgから20か月後2.0meq/kgで微増であり，次に缶（1400g缶）の過酸化物価の変化は，20か月後2.6meq/kgでガラス瓶より若干上昇した．プラスチック瓶は，20か月後9meq/kg弱

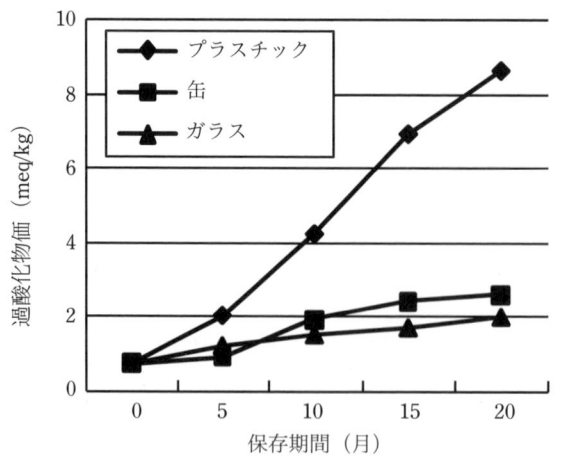

図1.8　散光下における容器別の酸化

で前二者より高いといえる．この理由として，酸素と光の影響が考えられる．ガラス瓶は光が若干透過するが，缶に比べてヘッドスペースが少ないために過酸化物価の上昇が少ないと思われる．1升瓶のヘッドスペースは油に対して7～8％であるが，缶では15％前後の割合である．

1.4.3 植物油の品質劣化の要因

食用油脂は空気（酸素），光，温度，金属などの様々な要因で酸化される．酸化は植物油が長時間保存や放置された時に出る劣化現象で，その機構は原因物質によりそれぞれ異なる[22]～[24]．植物油の品質劣化には，酸化の他に高温による加熱劣化がある．

空気中の酸素は，植物油を酸化させる原因物質で，たとえ油中に入っている溶存酸素でも酸化の原因の1つになる．植物油が酸化され，いやな臭いになる初期段階を戻り臭といい，これを防ぐために製造工程中でも不活性ガスである窒素で置換する．また，大豆油の初期酸化では枯草臭，青豆臭などが生じ，菜種油では硫黄臭などで，種類により異なる．ゆえに，植物油を保存する時の容器にはガス透過性の少ない材質を選ぶことも必要である．

光による酸化は，植物油に含まれているクロロフィルなどの色素（光増感剤）が作用してフリーラジカルを生成して酸化を促進する．植物油の酸化速度は，光線の波長によって異なることが知られている[25]．光を遮る缶や褐色瓶は保存性が良いが，半透明のプラスチック容器は悪い．また，フライ製品や植物油を塗布した製品中の油でも酸化される．最近では酸素と光を遮断するアルミ包装を使用すれば，保存性が増すことがわかり，実用化された製品もある．

温度による酸化は，温度が上昇することにより著しく増進される．温度と酸化速度の関係は10℃の温度上昇で約2倍になると言われる．前述したように30℃以上で酸化が著しく進むと思われる．

植物油中の微量の金属も自動酸化（不飽和脂肪酸やそれを構成成分とする脂質が空気中の分子状酸素によって，常温で徐々に酸化が進行する反応）を触媒する．例えば，銅は0.01ppm，鉄は0.1ppmでも酸化を促進する．微量金属は精製工程で完全には除去できないので，クエン酸やリン酸などの金属キレート化合物を添加して不活性化する．微量の鉄や銅などでも影響するので，鍋や大型フライヤーなどの油の中に入っているコンベヤーも金属を溶出しない配慮が必要である．加熱劣化には高温での揚げと炒めやトースト（ロースト）など色々な原因がある．

1.4.4 植物油および油脂使用食品の品質関係の法律，衛生規範など

植物油および油脂使用食品の品質関係の基準を**表1.10**に示した[20]．揚げ油は使用する

表1.10 各業種の法律・衛生規範

業　種		規　範
即席めん類	食品衛生法	酸価3　過酸化物価30
	日本農林規格	油揚げめん　酸価1.2以下
		味付け油揚げめん　酸価1.5以下
揚げ菓子	厚生労働省 菓子指導要項	油分10%以上 酸価3　過酸化物価30 酸価5または過酸化物価50
	元日本農林規格 かりん糖	酸価3　過酸化物価20
油揚げ	ミニJAS	抽出油の酸価3以下
水産練り製品	ミニJAS	抽出油の酸価3以下
弁当・そうざい の衛生規範	揚げ油の使用前	酸価1 過酸化物価10未満
	揚げ油の交換基準	酸価2.5を超えるもの 発煙点170℃未満 カルボニル価50を超えるもの

前の品質基準は酸価が1，過酸化物価が10meq/kgである[26]．過酸化物価は常温で経時的に変化するのでこの基準があるが，ドレッシング類のように生で食べられる植物油には基準がない．その代わりにもっと厳しい風味が優先される．

弁当・惣菜関係の使用油では，酸価，発煙点やカルボニル価が基準になる．惣菜，外食産業などの揚げの現場では，発煙点から基準を超えることが多く，次に酸価で，筆者の経験ではカルボニル価の基準を超える廃油は無かった．製品から抽出した油で，即席めん類は大手が多いので業界の優れた酸化防止技術によりこの基準を超える商品はなく，油処理菓子，かりんとう，油揚げでは時に基準を超えるものが見られるが，かなり少なくなったと言える．油菓子の基準は複雑であるが，酸価があまり上昇しないので抽出油の過酸化物価50meq/kgを採用することが多いと思われる．

引用文献

1) 鈴木修武：地域資源活用，食品加工総覧7　加工品編，p.437，農山漁村文化協会 (2000)
2) 鈴木修武：食用植物油と品質保持，p.3，食品品質保持技術研究会 (2002)
3) 柳原昌一：食用加工油脂の知識，幸書房 (1984)
4) 新谷　勲：食用油脂の科学，p.186，幸書房 (1989)
5) 柳原昌一：食用加工油脂の知識，p.110，幸書房 (1984)

引用文献

6) 花王：ホームページ.
7) 日清オイリオグループ：ホームページ.
8) 柳原昌一：食用加工油脂の知識, p.105, 幸書房 (1984)
8) J-オイルミルズ：ホームページ.
9) 原田一郎：改訂増補 油脂化学の知識, 第3刷, p.13, 幸書房 (1992)
10) 鈴木修武：食用植物油と品質保持, p.8, 食品品質保持技術研究会 (2002)
11) 鈴木修武, 加藤 昇：杉山産業化学研究所年報（平成11年）, p.161, 杉山産業化学研究所 (2000)
12) 太田静行：油脂食品の劣化とその防止, p.75, 幸書房 (1977)
13) 桜井芳人：総合食品事典, p.324, 同文書院 (2003)
14) ホーネンコーポレーション：技術資料.
15) 大河内敏尊：植物油脂の機能と食品への利用, 月刊フードケミカル, No.4, p.24, (1995)
16) 山崎清子ら：新版 調理と理論, p.172, 同文書院 (2003)
17) 鈴木修武, 加藤 昇：杉山産業化学研究所年報（平成10年）, p.128, 杉山産業化学研究所 (1999)
18) 伏木 亭：人間は脳で食べている, p.137, ちくま新書 (2005)
19) 加藤秋男：パーム油・パーム核油の利用, p.79, 幸書房 (1990)
20) 日本植物油協会：植物油と栄養, p.40, 幸書房 (1998)
21) 日本油脂検査協会：日本油脂検査協会10周年記念誌 (1984)
22) 太田静行：油脂食品の劣化とその防止, p.8, p.35, p.243, 幸書房 (1985)
23) 太田静行, 湯木悦二：改訂 フライ食品の理論と実際, p.38, 幸書房 (1994)
24) 太田静行ら：食品と酸化防止剤, p.1, 食品資材研究会 (1987)
25) 太田静行ら：食用油脂製造技術, p.242, ビジネスセンター社 (1991)
26) 厚生省環境衛生局食品衛生課：弁当・そうざいの衛生規範, 環食第161号 (1979)

2. 揚げ油とその上手な使い方

2.1 はじめに

　揚げ油は，天ぷら，フライ類，から揚げなどにとって重要な原材料であるが，揚げ油だけ気をつけていても美味しい揚げ物ができない．

　揚げ油を初め，種物（揚げ種），天ぷら粉，バッター粉などをよく吟味し，しっかり保管することから始める．また，フライヤーやろ過機も適正な設備と配置が重要である．揚げ時には，フライヤーの温度を適温にし，揚げ種により投入量も変える必要がある．揚げ油は天ぷら，フライ類やから揚げにより加熱劣化の進み方が違うので，それらに合ったさし油や廃油処理をすることが大切である．揚げを終わった後に，適切な処理をして環境にも配慮する必要がある．美味しい揚げ物を作るためにどうしたら良いかについて色々な事例を述べたい．

2.2 揚げ油の基礎知識

2.2.1 弁当・そうざいの衛生規範の概要（油脂関係のみ）[1),2)]

1) 油脂の取扱い

　a. 油脂は直射日光及び高温多湿を避けて保存すること．特に，冷暗所に保存することが望ましい．

　b. 油脂はふたのある容器に入れて密閉する等，空気との接触を少なくして保存すること．

　c. 油脂（ただし，再処理のものを除く）は，次のア及びイに適合するものを原料として使用すること．

　　ア　酸価　　　　　　1以下（ただし，ごま油を除く）
　　イ　過酸化物価　　　10以下

2) 油脂による揚げ処理

　a. 製品の特性に応じて適当な量の油脂を用い，適当な温度及び時間をもって揚げ処理

を行い，不必要な加熱をさけること．特に，200℃以上に加熱した油での揚げは行わないことが望ましい．

　b．揚げ処理においては，油脂中の揚げかす等の浮遊物や沈殿物を除くこと．使用油全量の 7% 以上が減った場合には，その分の油脂を新たに補充すること．

　c．揚げ処理中の油脂が，発煙，カニ泡，粘性等の状態から判断して，次のア〜ウに該当するに至り，明らかに劣化が認められる場合には，その全てを新しい油脂と交換すること．

　　ア　発煙点が 170℃ 未満となったもの．
　　イ　酸価が 2.5 を越えたもの．
　　ウ　カルボニル価が 50 を越えたもの．

　d．揚げ処理に使用した油脂（再使用するものに限る）は，使用後速やかにろ過する等により揚げかす等の浮遊物や沈殿物を除去した後，放冷すること．

3) 揚げ処理のための器具

　a．器具の油脂に直接接触する部分は，アルミニウム，ステンレス等の油脂の酸化促進に影響の少ない材料のものであること．

　b．揚げ処理に用いる器具は，フード又はフロート等を設ける等，揚げ処理油と空気の接触面積を少なくするように措置が施された構造のものであること．

　c．揚げ処理に用いる器具は，揚げ処理油の温度を適当に管理するための加熱調整装置を有すること．

2.2.2　加熱劣化とは[3)]

1) フライヤーおよび鍋の中の加熱劣化

　フライヤーや鍋中の加熱劣化の様子を描いた模式図を図 2.1 に示した．これらの現象を説明すれば，

　① 空気による酸化

　空気すなわち空気中の酸素が，加熱された油面と接触することにより熱酸化が起こる．この熱酸化は，常温における酸化とは，比べものにならないほど速く酸化が進む．油は分解されてアルデヒド，ケトンなどを生じ，劣化の指標である酸価，過酸化物価，カルボニル価などの値が増加し，発煙点が低下し，発臭もする．

　② 水蒸気による加水分解

　揚げ種を揚げることによって，揚げ種の水分が蒸発して水蒸気になる．水蒸気は，油と接触して油を加水分解させ，油の構成成分であるグリセリンと脂肪酸に分解し，酸価を増

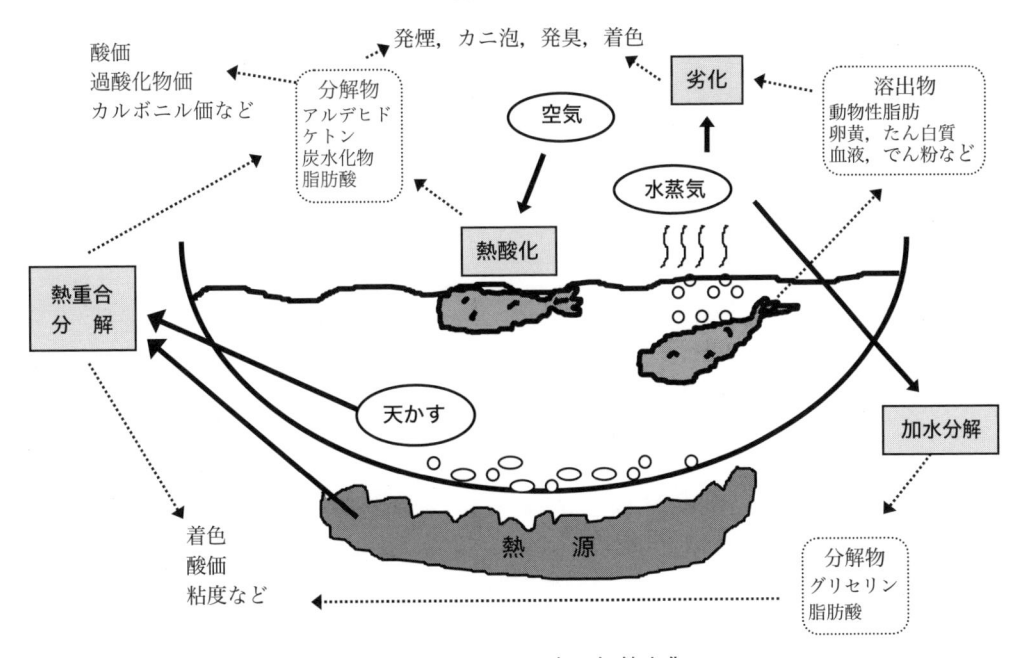

図2.1 フライヤー中の加熱劣化

加させる．現象として劣化した油からカニ泡（カニが出すような小さな泡）が発生する．

③ 溶出物質による劣化

揚げ物が揚がることによって揚げ種中の物質が油中に溶出したり，フライ類のパン粉などが脱落したりして劣化の原因になる．劣化指標である色度などに影響を及ぼし，油の着色や発煙の原因になる．大きなカスは，下層部に沈殿し，熱効率の低下やオーバーヒートの原因になる．微細なカスは，製品に付着して商品価値を低下させる．また，これらのカスが沈殿して熱源によって加熱され，鍋底に停滞すれば，油の対流が起こらず，局部加熱の原因になり，熱分解・熱重合し，酸価，カルボニル価，粘度などを上昇させる．

④ 加熱による熱重合・分解

熱源により加熱された油は加熱劣化を起こし，熱重合・分解が起こる．フライする温度と熱源の温度差があまりないことが望ましいが，種物を入れると温度が低下するため，温度追従がなければ製品がうまく揚がらないので，ある程度温度差が必要である．

2) スーパー惣菜の加熱劣化 [3]～[6]

フライヤーや鍋中の加熱劣化について述べたが，実際にはどのように加熱劣化が進むかについて，**図2.2**に示した．この図は，揚げ物を揚げた時の酸価上昇曲線である．フライ類はさし油（新油の補充）を示す矢印が2週間で8本しかなく，あまりさし油がされていない．さし油は新しい油で行うために，多ければ加熱劣化が進まない．一般にフライ類は，

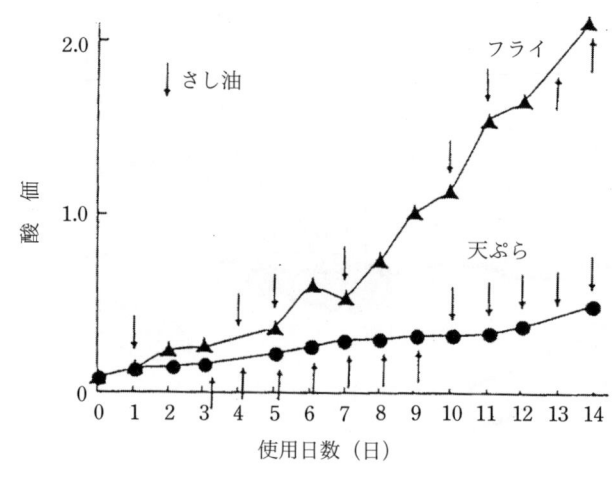

図2.2 スーパー惣菜の酸価上昇曲線

油分含量が約5〜10％と低いために揚げ物に吸収されて持ち出される油が少なく，さし油の回数も当然少なくなり酸価が上昇するので，このまま使用し続ければ，廃油にしなければならない．一方，天ぷらは，油分が約20〜30％以上あるために持ち出される油が多く，毎日のようにさし油するために酸価の上昇がない．持ち出される油を新油で補充する割合を新油添加率と言い，1日当たりや時間当たりで表し，新油添加率が高いほどフライヤーや鍋中の加熱劣化が抑えられる．時間当たり10％以上の新油添加率があれば，ほとんど廃油を出さなくてよい．すなわち，1斗缶（18L）張り込み油量であれば，時間当たり1.8Lのさし油になる．図2.2に示すとおり，天ぷらのようにさし油を適度にすれば加熱劣化が進まず，新油添加率の悪いフライ類はどこかで廃油にしなければならない．新油添加率と同じ考え方で，脂肪の回転率（脂肪回転速度，油の回転率）という表し方がある．例えば，張り込み油量が20Lのフライヤーで，1日8時間の使用で10Lのさし油であれば，1日当たりの回転率は0.5回転である．

3) 学校給食の加熱劣化[7]

小・中学校各2校の加熱方法，張り込み油量などが同じ形式のフライヤーを使用した学校給食の例を述べる．1日の揚げ重量は，約40〜110kgと幅があるが，総てのデータを同一図に挿入しても図2.3，図2.4に示すように加熱劣化（酸価）と加熱時間，揚げ重量とも良い相関関係にある．同じ方式のフライヤーは，ほぼこの関係を示すが，フライヤーの方式が異なれば別である．これらを要約すれば，加熱劣化は，加熱時間と揚げ重量に比例して上昇し，さし油により抑制されることが分かる．また，加熱劣化の指標である酸価は，揚げ重量，加熱時間，カルボニル価，粘度などとよく相関するので，酸価を把握すれば，大方フライヤーの状態が判断できる．

2.2 揚げ油の基礎知識

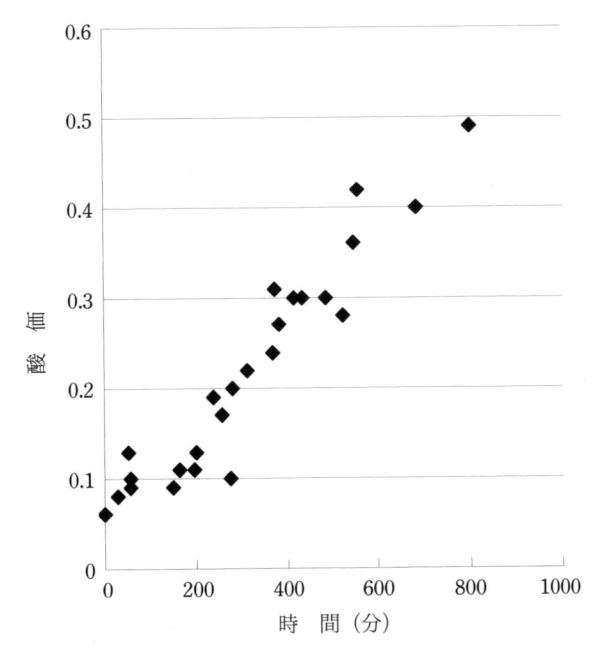

図 2.3 加熱時間と酸価上昇

学校給食：小中学校各 2 校．
フライヤー：丸釜 49.5kg 張り込み，熱源：ガス直火 8 000kcal/h
第 1 回：揚げパン，第 2 回：カレー煮，第 3 回：白身のマリネ，
第 4 回：豚肉の変わり味噌揚げ，第 5 回：メンチコロッケ，第 6
回：鶏肉変わりソース揚げ．

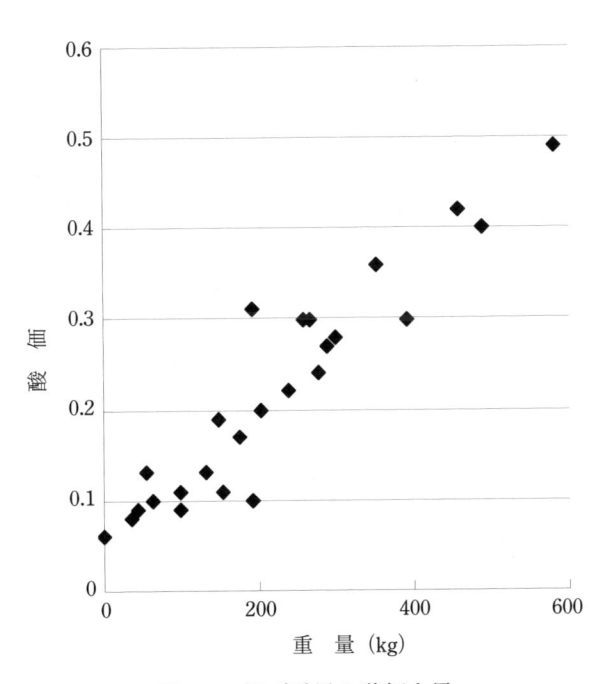

図 2.4 揚げ重量と酸価上昇

揚げ条件：図 2.3 と同じ．

加熱劣化を抑える使い方は，天ぷら類とフライ類を別々のフライヤーにして，必要以上に大きいフライヤーを使わず（適量適フライヤーに），さし油を多くすることである．加熱を続けると，加熱劣化を促進するので，揚げ物を揚げている時以外は火を消し，揚げ温度以上に上げないことである．

4) 揚げ物別の加熱劣化 [8]

静岡県立大学と筆者らが共同研究した結果では，同じ魚を揚げても揚げ方により加熱劣化の程度が異なり，フライのリン脂質の溶出が，天ぷらやから揚げに比べて著しく多く，そのためにフライは，図 2.5 に示すように色度が著しく上昇し，天ぷらはあまり色が着かないことが分かる．図 2.6 に示すように，酸価上昇は，フライ＞から揚げ＞天ぷらの順で，

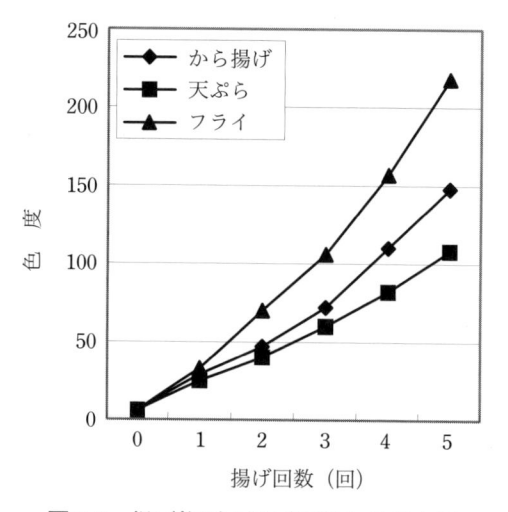

図 2.5 揚げ物別の揚げ回数と色度上昇

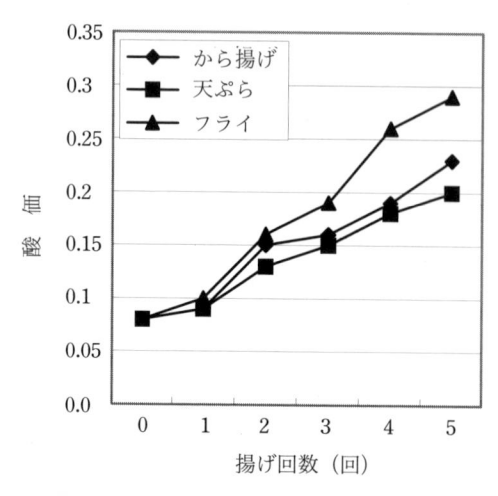

図 2.6 揚げ物別の揚げ回数と酸価上昇

現場試験ともよく一致する．製油業者は，顧客より加熱劣化しない油を求められるが，加熱すればどうしても劣化は進むので，いかに進まなくするか工夫が必要である．

2.2.3 揚げ油に求められる特性
1) 加熱安定性（耐熱性）とその試験方法[9]

揚げ油が加熱劣化して段々と古くなってくると色々な現象が出る．泡立ち（カニ泡が出る），腰が抜ける（新油に比べて性状が変化してうまく揚がらない），酸価が上昇する，粘度が上昇する，発煙点が低下する，油が着色する，風味が低下するなどの加熱劣化がある．このような現象の少ない油を加熱安定性（耐熱性）のある油と言い，揚げ油に求められる特性である．しかし，加熱劣化は加熱温度，時間，空気との接触面積，種物の種類，さし油の量，植物油の種類，溶出する金属との接触の違いで差が出る．

筆者が改良を加えた加熱安定性の試験方法を図 2.7 に，試験片の作り方を図 2.8 に示した．試験方法は，加熱より 180℃に達した時点でジャガイモ試験片を油中に浸漬して 5 分間揚げる．泡立ちを観察し，カニ泡が 5 分間の中で最大になったときの油の表面積に対する％で表す．最初の揚げの結果を 0 時間とする．次に油の温度を 220℃に上昇させて，1 時間温度を保持する．時間経過後，加熱を止めて 180℃になった時点でジャガイモ試験片を浸漬する．同様にカニ泡の表面積を測定する．この操作を 5 回繰り返し，各時間の表面積を％で表し比較する．また，加熱の前後の色度，酸価，粘度などの総合評価で耐熱

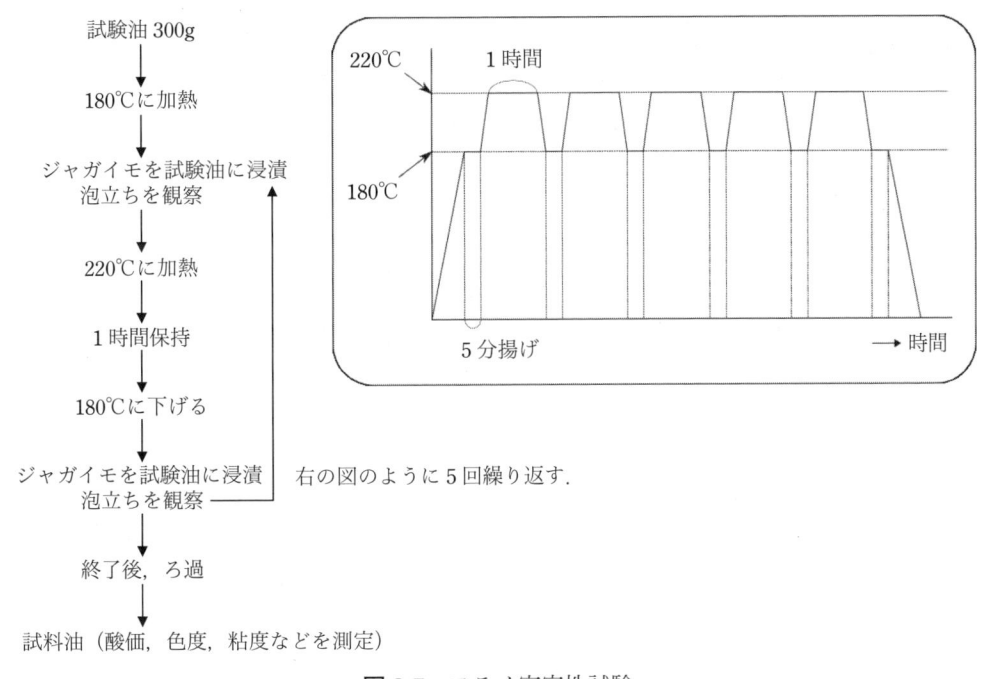

図 2.7 フライ安定性試験

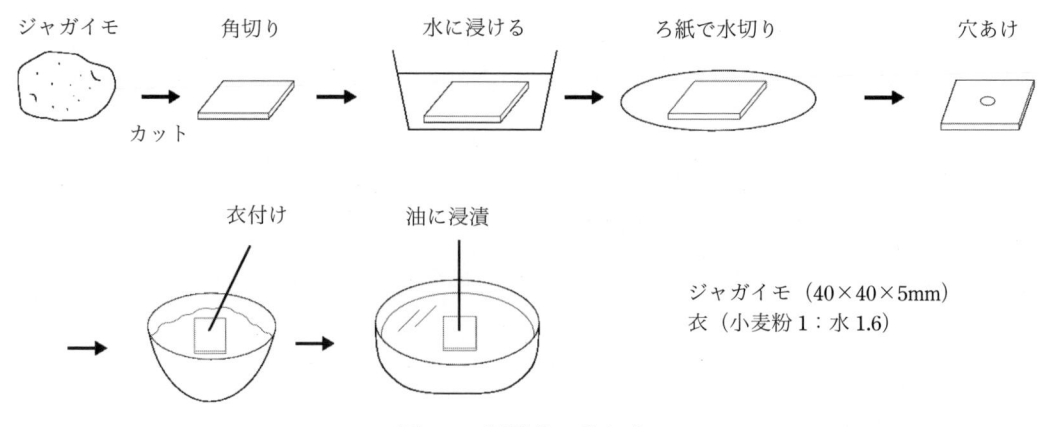

```
ジャガイモ      角切り      水に浸ける     ろ紙で水切り      穴あけ
```

衣付け　　油に浸漬

ジャガイモ（40×40×5mm）
衣（小麦粉1：水1.6）

図 2.8 試験片の作り方

性を決定する．各種植物油の加熱安定性（耐熱性）を調べた結果では，大豆油は5時間後の泡立ちが約90%とこの中では最も耐熱性が弱く，次に菜種油の泡立ちは約60%でやや弱く，ハイオレイック菜種油やパームオレインは5時間後でも約5%なので，強いと言える．220℃では通常のフライ温度の約5～10倍の劣化速度で，180℃で約25～50時間の揚げ時間に相当する．

惣菜に使用する油の中で判断すれば，パーム油≧ハイオレイック菜種油≧コーン油≧菜種油≧大豆油の順で加熱劣化しないと思われる．加熱安定性のモデル試験の結果では，フライヤーの種類，使用方法などによってこの順位が入れ替わり，また油の風味も考えて判断しなければならない．パーム油は，加熱劣化に強いが，味が淡白で，天ぷらのように油の味で食べる商品には不向きであり，フライ類でも他の液状油と混合して使用することが必要である．また，カラ加熱の多い惣菜やファミリーレストランなどでは，パーム油を配合した調合油は，最適な揚げ油と考えられる．

2) 酸化安定性（保存安定性）

揚げ米菓，かりんとう，即席めんなどのように揚げた後の保存性を必要とするフライ食品は，流通段階での安定性が求められる．この安定性は，油が酸化されにくいかどうかによるので酸化安定性とか，保存可能な期間が長いか短いかによるので，保存安定性と呼ばれている．この安定性は植物油の脂肪酸組成，含まれている抗酸化物質の種類や量などによって大きく左右される．この安定性を手軽に調べる方法として，1.2.2項のAOM試験法（CDM試験法）がある．このAOM値（時間）が長い油ほど酸化安定性が良い．しかし，原料や揚げ工程中，冷却，流通段階の取り扱いが，保存安定性に大きく影響する．例えば筆者の経験から影響の大きい順位は，揚げ米菓ではフライヤーの種類，新油添加率，冷却装置，原料などである．揚げ米菓のクレームを分析すれば，順位が異なったり，予想外の原

因も含まれることがある．スーパー惣菜，外食産業などのフライ食品は，フライ後あまり時間を経過しないで食べられるので，この安定性は必要ない．しかし，揚げ後の放置，冷却の仕方によって風味に影響することがある．

3) 風　　味

　精製されたサラダ油や白絞油（業務用の揚げ油）は原料特有の風味を持っており，コクやうま味，香りで表現する．また，未精製のごま油やオリーブ油などは，特有の色を有し，その油により色に濃淡がある．また特有の香りもあり，その風味により揚げ物が美味しくなる．この風味は人間の官能すなわち舌触り，口どけや味覚（コク，うま味），嗅覚（香り，酸化臭など）により評価される．実際に揚げ物（天ぷら，フライ類，から揚げ）をして官能試験をする．植物油は色も淡く風味も弱いが，それぞれ特徴がある．ここでは取り扱わないが，動物脂もコクや香りがあり，植物油と配合されると美味しい揚げ物になる．

4) 作　業　性

　ここで取り上げる植物油は，パーム油を除いて常温で流動性がある．冬場でも長時間冷温に貯蔵されない限り，作業性が良い．0〜5℃に長時間置かれると固まりやすい性質のある大豆油やオリーブ油，落花生油などは注意が必要である．分別していないパーム油は融点が40℃前後のため夏でも固形脂で，缶から出す時には溶解する必要がある．液状油に配合されるパーム油は，分別されたパームオレインやスーパーオレインであるが，それでも冬には配合比率により流動性が悪くなる．製造会社の担当者はそれらの特性を考えて，配合比率や配合するパーム油を替えたり，固形脂の融点を下げる食品添加物（乳化剤）を加えることがある．日本列島は縦に長く地域により温度差があり，春や秋の1日の温度差が激しい季節にはクレームになることがある．作業する前に固まらない温度の部屋に入れる配慮が必要である．これらの特性については1.2.3項のパーム油の分別と分別油の種類を参照して頂きたい．

　また近年では，パーム油の配合により，また固まりやすい地域では，配管や貯蔵タンクなどに保温設備を設置することが多くなってきている．

2.2.4　加熱劣化の要因とその管理[3]

1) 加熱劣化に影響を及ぼす要因とその対策

　スーパー惣菜や外食産業の揚げ油の加熱劣化に影響を及ぼす要因と対策を図2.9に示した．

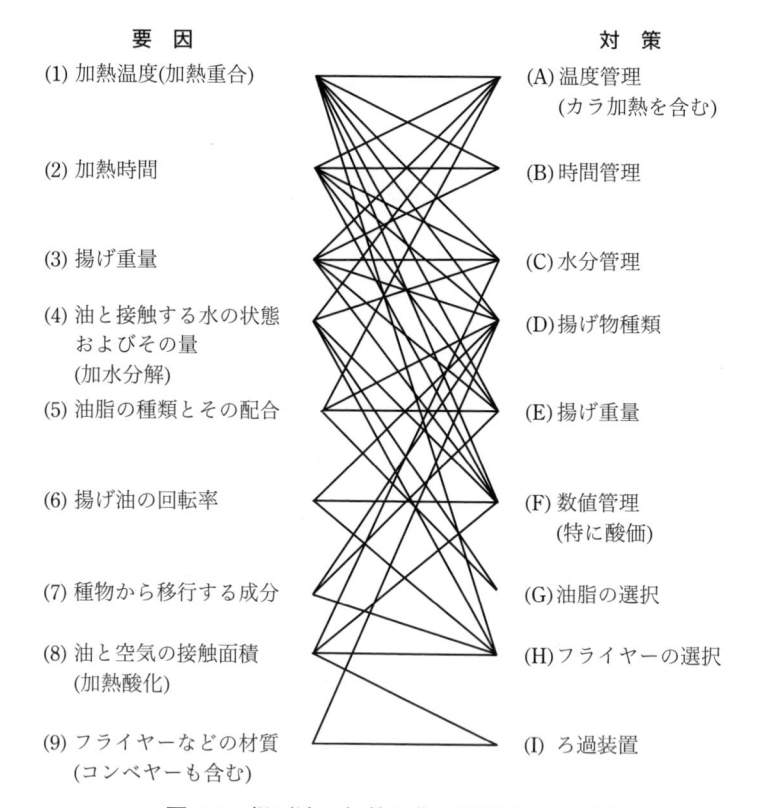

要　因	対　策
(1) 加熱温度(加熱重合)	(A) 温度管理 　　(カラ加熱を含む)
(2) 加熱時間	(B) 時間管理
(3) 揚げ重量	(C) 水分管理
(4) 油と接触する水の状態 およびその量 (加水分解)	(D) 揚げ物種類
(5) 油脂の種類とその配合	(E) 揚げ重量
(6) 揚げ油の回転率	(F) 数値管理 　　(特に酸価)
(7) 種物から移行する成分	(G) 油脂の選択
(8) 油と空気の接触面積 (加熱酸化)	(H) フライヤーの選択
(9) フライヤーなどの材質 (コンベヤーも含む)	(I) ろ過装置

図 2.9　揚げ油の加熱劣化の要因とその対策

〈要　因〉

(1) 高温で揚げるので加熱劣化が激しいが，必要以上の温度にしないことが大切である．180℃での劣化速度を1とした時，190℃では4ぐらいになる．カラ加熱では200〜240℃以上になることもあり，注意する必要がある．

(2) 加熱劣化は加熱時間に比例するので，段取りよく時間を短くする必要がある．

(3) 同じ時間揚げれば，揚げ重量に比例する．

(4) 冷凍状態や水分量によって違う．氷の融解熱は1g当たり80kcalであるが，水の蒸発熱は539kcalで，水分が少し増加すると熱量が多く必要になる．水分をできるだけ少なくするのも得策である．

(5) 油脂の種類により脂肪酸組成が異なり，不飽和脂肪酸は飽和脂肪酸より耐熱性が弱い．油脂の選択も重要なポイントである．

(6) 前述したように，さし油量によって加熱劣化速度が違う．

(7) 種物からの成分の溶出や脱落したカスにより，劣化が急速に進む．

(8) 油と空気の接触面積を少なくすることで加熱酸化を防ぐために，表面積の少ないフライヤーの選択が必要である．

(9) 銅や鉄などの金属類は自動酸化を促進することが知られており，溶出の少ないステンレス鋼を使うことが望ましい．フライヤーの槽内のコンベヤーの材質も同様である．

〈対　策〉

(A) フライヤーの温度設定を適正にし，デジタル温度計などで測定する必要がある．また，フライヤーの能力を考えて投入量を適切にする．カラ加熱を避けるために熱源の調節も必要である．

(B) 揚げ種の種類，投入量により温度，時間が決まるので揚げ時間を厳守する．

(C) 水分含量の異なる揚げ種があるので，それに適した揚げ温度，時間を決める．加水する揚げ種（天ぷら，から揚げなど現場で加水する場合がある）は，マニュアルを決めて行う．

(D) 天ぷら，フライ類，から揚げにより揚げ温度，時間，重量が違うので適切に行う．また，揚げ種により溶出物質が異なるので，さし油，揚げ順序を考慮する．

(E) 加熱劣化は揚げ重量と時間に大きく左右されるので，フライヤーの種類と台数を適切にする．

(F) 簡易測定器（J-オイルミルズ製 AV-CHECK，柴田化学シンプルパック油脂劣化度測定用など）を用いて管理する．簡易法でも公定法の測定でも良いが，酸価測定をして数値管理をする．異常に上昇すればどこかが悪い．フライ類ではどこかで廃油にしなければならない．

(G) 油の種類により加熱安定性が違うので，酸価上昇，粘度上昇，着色を考えて，業種により適正な油脂を選択する．

(H) 非常に重要でかつ難しい課題である．フライヤーの選択により，新油添加率，温度制御，生産量，品質も異なるので，フライヤーメーカーと購入前によく相談する必要がある．熱効率や生産性ばかりでなく，油脂の加熱劣化も考慮しなければならない．

(I) カスの付着は外観が悪く，カスの過熱は美味しさに影響するので除去が必要である．また，カスの除去は加熱劣化の防止も期待できる．過度のろ過は空気酸化が進むので，基本は1日1回である．

図2.9より，例えば(5)の使用油に関係する対策は，(A)(D)(E)(G)で，これらの項目を十分に考慮に入れなければ，どんなに良い油脂を使用してもあまり良い結果が得られない．

2) トータルフライング管理の必要性

揚げ油ばかりでなく，図2.9に示すように加熱劣化には色々な原因があり対策もあるので，全体を考えることが大切である．

a. 油脂メーカーによる新しい油脂の開発．

b. フライヤーメーカーによるフライ類，天ぷら，から揚げなど各種揚げ物にマッチしたフライヤーの開発．

c. 各種揚げ物の新しい素材の開発や冷凍食品を含めた揚げ物の開発.
d. 揚げている現場の作業者，生産計画者などへの油脂，フライヤーなどの周辺技術の普及と啓蒙.
e. ろ過装置メーカーの安価で，作業の良い製品の開発など.

製油の技術者は，植物油を販売しながら惣菜工場やスーパーの惣菜部門と接し，色々な現場を見て技術協力やアドバイスを行っているが，現状の課題はいかに加熱劣化を少なくするかである．そのために全体を考えたトータルフライング管理を行い，これらに関係する部門やメーカーが一致協力することが一番良い方法である．

樽に水を入れた時に，一番短い木の所で水が漏れて，その木の高さまでの水しかたまらない（ドネベックの要素樽）[注]のと同じように，関係する人達で揚げ油の加熱劣化の防止や抑制をして，美味しく経済性のある揚げ物惣菜を作っていかなければならない．

注）トネベックの要素樽

作物の成長は，各種の養分と光，温度，水分，空気などの因子の影響を受ける．しかし，これらの因子が等しく欠乏して作物の成長を妨げるわけではなく，最も供給の少ない因子によって作物の生育が支配されるという考え方がある．この考え方を，樽の側板の1枚1枚に各因子を当てて表したのがドネベックの要素樽である．

これを美味しく経済性のある揚げ物に置き換えると，揚げ油，天ぷら粉，揚げ種などの原材料，フライヤー，ろ過機などの機械器具類，建物，設備などの施設，作業員，生産管理者，品質管理者，販売員などの人，揚げ方法，作業方法，5Sなどの方法が因子となる，これらを有効に使うことが大切で，どこが弱いか，どこを強化したら良いかを総合的に考え，改善する必要がある．

2.3 揚げ油の上手な使い方

2.3.1 美味しい揚げ物を作るために

調理には基本があり，この基本を守ることが大切である．揚げ油を上手に使い，美味しい揚げ物を作るための重要なポイントを**図2.10**に示した．このポイントはすべての揚げ

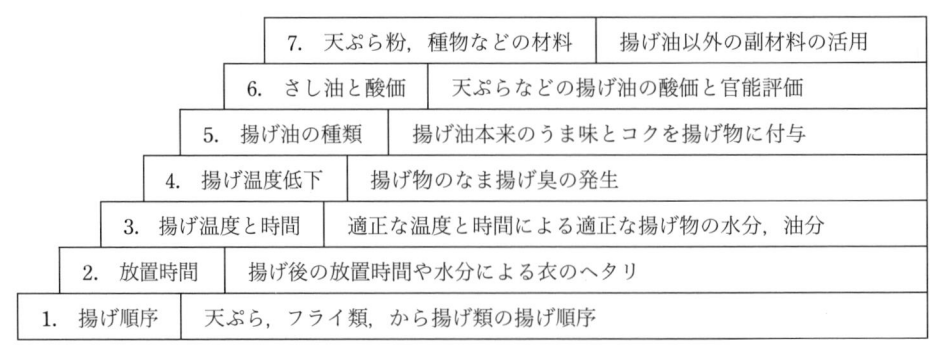

7. 天ぷら粉，種物などの材料	揚げ油以外の副材料の活用
6. さし油と酸価	天ぷらなどの揚げ油の酸価と官能評価
5. 揚げ油の種類	揚げ油本来のうま味とコクを揚げ物に付与
4. 揚げ温度低下	揚げ物のなま揚げ臭の発生
3. 揚げ温度と時間	適正な温度と時間による適正な揚げ物の水分，油分
2. 放置時間	揚げ後の放置時間や水分による衣のヘタリ
1. 揚げ順序	天ぷら，フライ類，から揚げ類の揚げ順序

図 2.10 美味しい揚げ物を作るための重要ポイント

物にあてはまる．大きく以下の 1)〜7) に分けられる．

1) 揚げ順序

色々な揚げ物を1つのフライヤーで揚げるときの順番[10]は，野菜天ぷら⇒魚介類天ぷら⇒フライ類⇒から揚げである．なぜこのような順序で行うかというと，味の薄い種類から順に行うと，油を汚しにくく，揚げるのに効率的で美味しい揚げ物が出来るからである．また，天ぷら類にフライ類やから揚げ類の臭いが付くと美味しくない．

また，スーパー惣菜，外食産業のように大量に揚げるところでは，揚げ物別フライヤーがある．2台のフライヤーであれば天ぷら用とフライ類に分けられ，3台以上であれば天ぷら類，フライ類，から揚げ類になる．3台の場合のローテーションを**図2.11**に示した．ここで重要なポイントは，フライ類やから揚げ類を決して天ぷら類のフライヤーで揚げないことである．これを守らないと，2)〜7) のことをしっかりと行っても美味しい揚げ物にはならない．

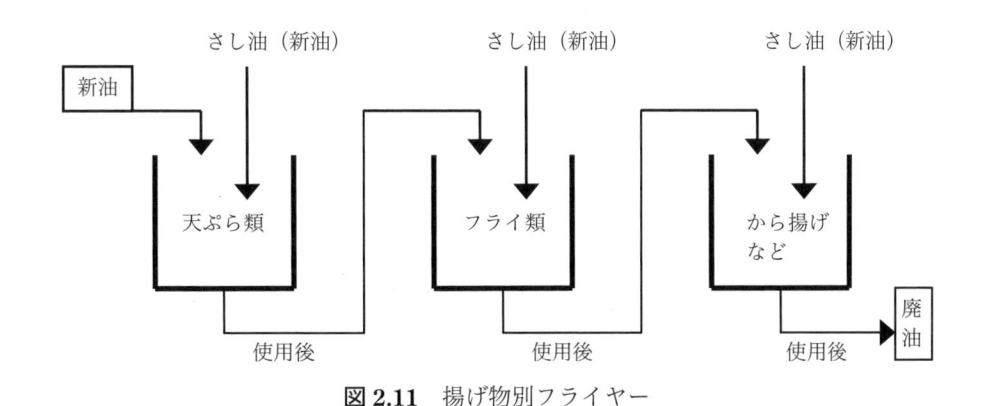

図2.11 揚げ物別フライヤー

揚げ油の交換は，から揚げの廃油から始まる．すなわち，から揚げのフライヤーが，風味や酸価，色付きなどで限界になれば廃油にする．廃油の目安は，弁当・そうざいの衛生規範の酸価 2.5 前後が限界である．自動的にフライ類のフライヤーから，から揚げフライヤーに油が回ってくる．フライ類の油槽には天ぷらのフライヤーから油が回る．天ぷらのフライヤーは，新油を入れることになる．

作業時間中のさし油は，どうするか．理想では前のフライヤーの油の移動であるが，加熱された油は危険が伴うので新油を入れることが望ましい．

2) 放置時間

天ぷらの衣やフライ類および豚カツなどのパン粉は非常に水分を嫌う．種物から出る水

蒸気や周辺の湿気を吸収すると食感が悪くなり，美味しい揚げ物にはならない．惣菜担当者は天ぷらを揚げてから3時間経ても，揚げ直後の食感を維持させたいと考えている．小麦粉，油脂，乳化剤，添加物の開発者達はこの要求を満たすものをいまだに開発していない．

天ぷら，フライ類を揚げたときの水分，油分などのバラツキ，揚げ直後の種物から出る水蒸気，調理場を含めた周辺の湿度，種物からの水分の移行などが食感を悪くする原因となる．

天ぷらの衣の水分と油分の経時変化を表2.1に示した．衣の水分は，15分後と3時間後で，A粉，B粉とも増加し，油分は減少していることが分かる．上記の空気中の湿気の吸収と種物からの水分が要因であるが，作業現場ではどの要因の影響度が大きいかそれぞれ異なり，防ぐ方法も複雑であるので，よく考える必要がある．

表2.1 天ぷらの衣の水分，油分の経時変化

	A 粉		B 粉	
	水分（％）	油分（％）	水分（％）	油分（％）
15分後	28.3	40.5	21.0	34.8
3時間後	30.1	38.3	26.9	33.3

条件：海老天ぷら3匹の平均，180℃2分30秒揚げ，23℃・40％湿度で放置．

3) 揚げ温度と時間

揚げ温度と時間を適正にすれば美味しい揚げ物ができる．

4) 揚げ温度の低下

フライヤーの温度を設定するダイヤルは，長年使用していると誤差が出る．また，天ぷら，フライ類を適正な温度で揚げないと揚げ物本来の香ばしい香りが出ない．適温以下で揚げると油っぽいなまの油の臭いがする．ここでは，なま揚げ臭と言う．なま揚げ臭は，油臭く，鼻を突く生臭い臭いである．また，著しい温度低下によっても同じ現象が起こる．

5) 揚げ油の種類と美味しさ

揚げ油の本来持っているコクやうま味を出して美味しい揚げ物にするには，いままで述べてきた1)～4)を解決しなければならない．

6) 酸価と美味しさ

この項については，あとで詳しく述べるが，天ぷら，フライ類，から揚げを揚げて油の

酸価の測定と官能評価を行うと，揚げ物の種類によって，違った評価が得られている．

7) 天ぷら粉，揚げ種などの材料

1)〜6)をしっかりと守って揚げ物を作らないと，天ぷら粉や揚げ種を良いものにしても美味しい揚げ物にならない．

2.3.2 美味しい天ぷらを揚げるために

どのような天ぷらが美味しいかと問われれば，天ぷら専門店，そば専門店，中食（弁当・惣菜など），外食産業の天ぷらなどによりそれぞれ違うと答えざるを得ない．価格，外観，機能など，それぞれの天ぷらが持っている特性に差がなければ「棲み分け」もできないし，その店の特徴もなくなる．

ここで述べる天ぷらは，中食（弁当・惣菜など），外食産業の天ぷらを考えて頂きたい．当然，大量生産，大量消費を考えている．天ぷら専門店のように生でも食べられる新鮮な魚介類を使い，大きな鍋と5種類以上の特殊な配合をした油で，少量の種をお客の目の前で揚げて出される天ぷらではない．

例えば，エビの美味しい天ぷらは，このような感じである．揚げたてで，きれいに花が咲いて，若干のきつね色をし，少し香ばしい香りがする．食べた時に揚げ油と衣の香りがして食感はサクサクし，さらに噛めば油のうま味とエビのうま味が口の中でよく交じり合い口の全体にうま味を感じる．このような美味しい海老天ぷらは，どのように揚げれば出

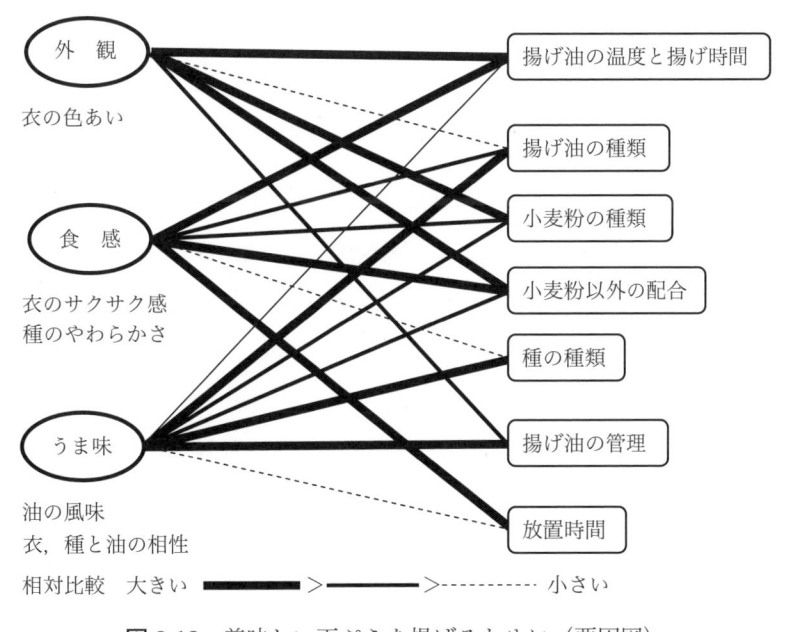

図 2.12 美味しい天ぷらを揚げるために（要因図）

来るのか，その要因を図 2.12 のように分析し，重要度順に解説したい．

1) 揚げ温度と時間 [9]

スーパー惣菜で次のような官能試験をした．1 週間のあいだの惣菜（天ぷら，コロッケ，から揚げなど）を購入し風味がどのように変化するか調査した．天ぷらは当然新油から揚げられるので，どんな変化をするか非常に興味があった．1 週間のうち特売日が火曜日か水曜日にあった．特売日の翌日は，油が加熱劣化するので美味しくないと思われたが，予想したとおりの結果になった．

海老天ぷらの温度低下と美味しさを検証するために次のような実験を行った．180℃での正常な揚げ（対照）と，水で溶いた小麦粉を大量投入し 180℃よりも温度を下げた揚げ（温度低下区）を比較した．その温度履歴を図 2.13 に示した．

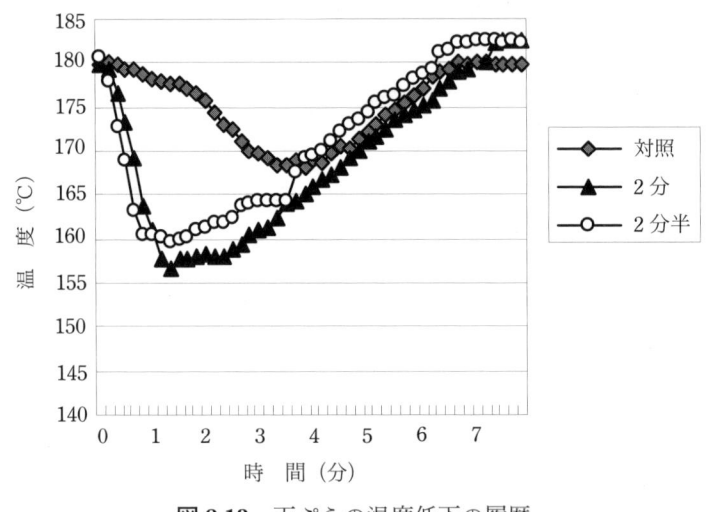

図 2.13 天ぷらの温度低下の履歴

温度低下区は，水で溶いた小麦粉を 400g 投入し温度を下げると同時に海老天ぷら 3 本を揚げた．対照と同じように 2 分で揚げたが揚がっていなかったので，さら 2 分半，3 分で揚げた．官能試験は，対照（温度低下無），温度低下有 2 分，有 2 分半で行った．その結果を図 2.14 に示した．最適条件を対照の 2 分とすると，外観は温度低下有では衣が白っぽく，評価が悪かった．温度低下有 2 分の衣はサクサクせず湿っている感じで評価を下げた．30 秒揚げを延長しても評価は変わらなかった．風味は油っぽく感じ評価を下げた．当然全体の評価も悪く温度低下の影響がでた．温度低下をしたことにより衣の水分・油分（％）がどのように変わるか測定した．対照の水分・油分（％）はどちらも約 30% であった．温度低下有 2 分では，温度低下により水分がまだ抜けておらず 40% 近くあり，油分も約 25% であった．さらに 30 秒と 1 分延長した結果，水分は若干減少したが，油分は 30% を

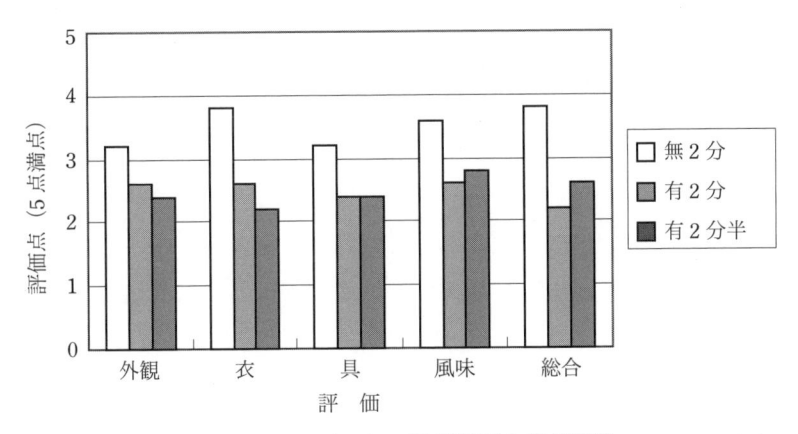

図 2.14 天ぷらの温度低下と官能試験

超えて増加した．これらと官能試験とを総合して考えると興味深い結果になった．すなわち，温度低下することにより，美味しくなくなる原因は，水分と油分のバランスであり，衣がサクサクしておらず，外観が白っぽい衣であった．

さらに官能試験の問題点は，なま揚げ臭と油っぽい刺激臭（石油系の油に似た重い油臭）である．揚げ時間を伸ばすと水分は飛んで低下するが油分が多くなり，なま揚げ臭と油っぽさを感じると考えられる．それが天ぷら専門店で大きな鍋で少量の揚げ物をする理由である．

2) 揚げ油の種類と選択[9]

揚げ油の選択はその店がなにを求めているか，どのような客を対象にするかによって選

表 2.2 天ぷら用揚げ油

	配合油	配合割合
汎用	大豆白絞油 大豆サラダ油	100
	大豆油：菜種油	6：4 または 5：5
少し高級	大豆サラダ油：菜種油：コーン油	6：2：2
	大豆サラダ油：菜種油：コーン油	5：3：2
	大豆サラダ油：ごま油	7：3
	綿実サラダ油：大豆サラダ油	7：3
高級	濃口ごま油：淡口ごま油：太白ごま油： 綿実サラダ油：コーン油	2：1：2：3：2
	濃口ごま油：淡口ごま油：太白ごま油： 綿実サラダ油	2：3：3：2

択肢が無限にある．第1章で取り上げた油は全て揚げ油として使用できるが，価格，供給に問題がある場合や，オリーブ油のように独特の風味を有するものは用途が限定される．代表的な天ぷら用揚げ油の配合例を**表2.2**に示した．スーパー惣菜や外食産業の天ぷら用と，参考までに高級天ぷら用も記載した．

大豆油は天ぷら油として以前から大量に使われた油で，その中にも大豆白絞油と大豆サラダ油がある．大豆白絞油は業務用として長く使われてきたが，市場では段々と大豆サラダ油に置き換わってきている．しかし白絞油にはいまだ根強い人気がある．大豆油で揚げた天ぷらは，軽くパリッとし，揚げ色はやや白く，芳香や甘味様のうま味とコクがあり天ぷらに合っている．しかし，大豆油は長く使い続けると重たい油臭がする油っぽい風味が発生しやすく，菜種油などの他の植物油を配合することが多くなってきている．

菜種油は淡白な味で，大豆油よりも加熱に強く長時間加熱しても油臭がせず，単独および大豆油や他の油と配合して使用されることが多い．加熱しても風味の変化が少ないハイオレイック菜種油を使うとさらに良い揚げ物ができる．

コーン油は，香ばしさと甘いまろやかな風味を持っており，単独で使用するか，または配合することにより風味に奥深さや広がりを与える．

綿実油はまろやかな甘味様の風味があり，天ぷらの素材の持ち味を活かすことができる．ごま油と配合するとさらに高級感がでる．

パーム油は加熱安定性が非常に良いが，天ぷらではパーム油を3割以上配合した油で揚げると口の中でパーム油が溶解しないので美味しくなく，風味も淡白で，天ぷらとの相性が悪いと言える．パーム油は常温で半固形であるから缶から出しにくい．加熱されたときに他の植物油と比較すれば着色も激しい．これらを総合的に判断すれば，単独での使用よりも揚げ物の種類により他の植物油と配合することが得策である．

花咲油(はなさきゆ)[11]は，まさに天ぷらに花が咲く油である．花咲油は1997～98年頃に開発され，

| サラダ油 | 花咲油 |

図2.15 サラダ油，花咲油の揚げ時の写真

現在もこの技術は継承されている．原理は，説明するのに難しいのでここでは省略するが，現象としては**図 2.15** に示す写真のようになる．対照のサラダ油は菜種油で，花咲油は菜種油に特殊な乳化剤が添加されている．このために水と油の馴染みが良くなり種物から水の抜けを良くする．この油で天ぷらやフライを揚げた時に小さな気泡が衣やパン粉から沢山出て花が咲き，パン粉が立つと考えられる．これは揚げ油の中で，バッター液とその水がよく散り，サラダ油より激しく蒸発するためと思われる．また，ビーカーに入れて揚げを横から見た時に，花咲油はサラダ油に比べて，天ぷら種から細かな泡が無数に出るのが観察される．

海老天ぷらをサラダ油と花咲油で同一条件で揚げると，花咲油は，よく花が咲いているように揚がった．揚げ条件は，温度180℃，天ぷら粉は「コツのいらない天ぷら粉」(日清製粉製) で，加える水は小麦粉の 1.6〜1.8 である．長時間天ぷらを放置しても，業界用語でヘタル現象があまりない．ヘタルとは，放置により種物の水分，揚げ物から蒸発した水分，空気中の水分が衣に移行して衣の水分が多くなり，衣の食感も悪くなることである．花咲油の天ぷらは気泡が多く，ポーラスであるので種物との接触面積が少なくなり，水分の移行も少なくサクサク感も持続するものと思われる．

3） 揚げ油のさし油と油の管理

現場で行うさし油を含めた揚げ油の管理は非常に難しい．長年考えて揚げ油の管理方法を現場に提案したが，フライヤーの使い方や揚げ物の種類や量が現場により異なるので，現場の末端まで理解し実行されることが少なかった．

天ぷら単独のフライヤーであれば，新油が多く入れられるので加熱劣化が少ない．例え

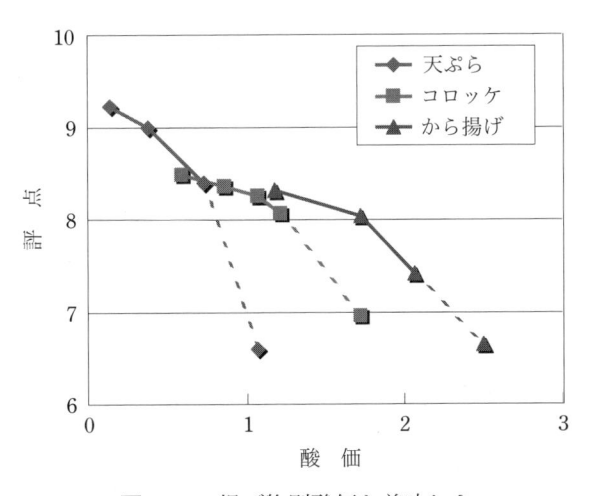

図 2.16 揚げ物別酸価と美味しさ

ば，2.2.2項で述べたスーパー惣菜の加熱劣化を参照して頂きたい．

また，天ぷらなどの揚げ物は，化学的な指標（酸価など）だけで判断できる食品ではなく，美味しさの評価が大切である．そのイメージを図2.16に示した[9]．

天ぷらは，味が淡白で素材の味を大切にするので，新油で揚げた天ぷらを10点とした場合，図2.16に示したように酸価の上昇と共に急激に評点を下げている．もっとも酸価が1まで上昇すること自体，油の使い方やフライヤーの大きさ，揚げ量が少なくカラ加熱が多いなど，どこか正常な使い方をしていないと思われる．惣菜や外食産業では天ぷらよりフライ類やから揚げが多いので同じ図2.16に記載した．コロッケは，酸価が上昇すると徐々に評点を下げて酸価2前後が限界である．から揚げは，から揚げ粉に香辛料や調味料などが含まれているので酸価が上昇してもそれほど評点を下げない．しかし，弁当・そうざいの衛生規範の酸価2.5位が限界である．これらよりスーパー惣菜や外食産業で行われている揚げ物別のローテーションは非常に現場に合った方法である．

4) 天ぷらに用いられる小麦粉と天ぷら粉[11]

天ぷらに用いられる小麦粉は，グルテンの少ない薄力粉が使われる．グルテンが多いと吸水性が強く，脱水されにくく衣がカラッと揚がらない．また，使用する時に水の温度が影響し，15℃前後の水温が良く，あまり温かくても冷えすぎてもうまく揚がらない．また，薄力粉だけでも良いが水の1/3〜1/4を卵に置き換えると味が良くなるばかりでなく，衣の揚がりも良く容積も大きくなる．現場では，天ぷらの衣にする薄力粉に卵，重曹（重炭酸ソーダ），ベーキングパウダーなどを添加していた．昭和50年に豊年製油（現J-オイルミルズ）が，薄力粉に色々な穀粉や食品添加物を添加し，天ぷら専用の天ぷら粉を開発した．この専用粉はだれでも天ぷらに花を咲かせ，食感を維持することができて，現場で難しい微量の計量の必要がなくなった．当時，薄力粉の5〜6倍の価格であったが飛ぶように売

表2.3 天ぷら粉の原材料

配合	極上	徳用
小麦粉	○	○
コーンフラワー(Y)	○	○
コーンスターチA	○	—
コーンスターチB	—	○
ベーキングパウダー	○	○
シュガーエステル	○	—
卵黄粉	○	—
分離たん白	○	—

○ 配合あり，— 配合なし．

表 2.4 天ぷら粉の原材料の特性

原材料名	期待される効果
卵黄粉	うま味を付与し，天ぷらの衣がポーラスでカラッとした食感になる．ヘタリが早く，保存性を悪くする．
コーンスターチ類	小麦粉のたん白質を希釈する効果を持ち，カラッと仕上げると同時に，天ぷら粉(極上)では，ヘタリを防止し，保型性を改善し，2〜3時間程度，型崩れを防止する．添加量を多くすると衣が硬くなる．
ベーキングパウダー	花咲効果が高く，衣をカラッと膨らませ，保型性の向上に有効．添加量を多くすると衣が硬くなる．
コーンフラワー(Y)	小麦粉のたん白質を希釈する効果を持ち，衣の色をコントロールする（黄色系）．
分離たん白	起泡性があり，衣の仕上がりをソフトにし，卵黄粉の代わりになる．
シュガーエステル	天ぷら粉の水溶きを容易にし，ダマの発生を防止し，同時に花咲効果もあり，ベーキングパウダーの補助的な働きもする．

れた．

この天ぷら粉の使用方法は，粉と水を同量混合して揚げるだけ良く非常に簡単である．これらの極上天ぷら粉と徳用天ぷら粉の組成を**表 2.3**に，若干の原材料の特性について**表 2.4**に記載した．開発当初，油を売るにはどのような商品が必要か模索した中で，油の関連商品として天ぷら粉を開発した．極上てんぷら粉は，小麦粉以外に6種類の原材料を含んでいる．コーンスターチ類を入れるとたん白質を希釈する効果があり，バッター液の粘度は，添加しない小麦粉よりも2〜3割くらい低下し，感じとしてサラサラの状態である．でん粉を添加するとバッター液のグルテンの増粘が抑えられるものと思われる．また，出来上がった天ぷらの衣は，強固なでん粉の網目構造になりヘタリ防止や保型性に優れている．コーンフラワーは，でん粉と同じような役割以外に黄色の色素があるために美味しそうな色にもなる．現在，製粉各社からさらに進化した天ぷら専用粉が発売されている．

2.3.3 美味しいフライ類を揚げるために

美味しいコロッケは揚げたてで温かく，外観がきつね色でパン粉が立ち，食べた時にパン粉がサクサクし，油のうま味と中身のうま味が口の中で混ざる．豚カツでは，外観はきつね色で，切った時に，豚肉と衣が剥がれず，豚肉が柔らかくジューシー感がある．美味しいフライ類の要因を**図 2.17**に示した．重要度順に解説したい．

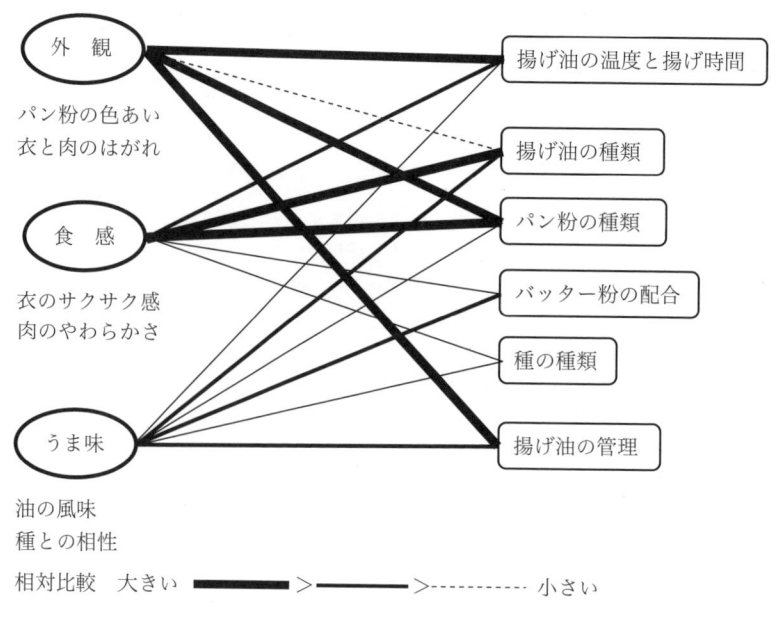

図 2.17 美味しいフライ類を揚げるために（要因図）

1) 揚げ温度と時間 [9)]

コロッケで海老天ぷらと同様の実験をした．175℃で正常な揚げ（対照）と，水で溶いた小麦粉を大量投入し，175℃よりも温度を下げてコロッケを揚げたもので，官能試験と水分，油分の測定を行い，その結果を図2.18と図2.19に示した．

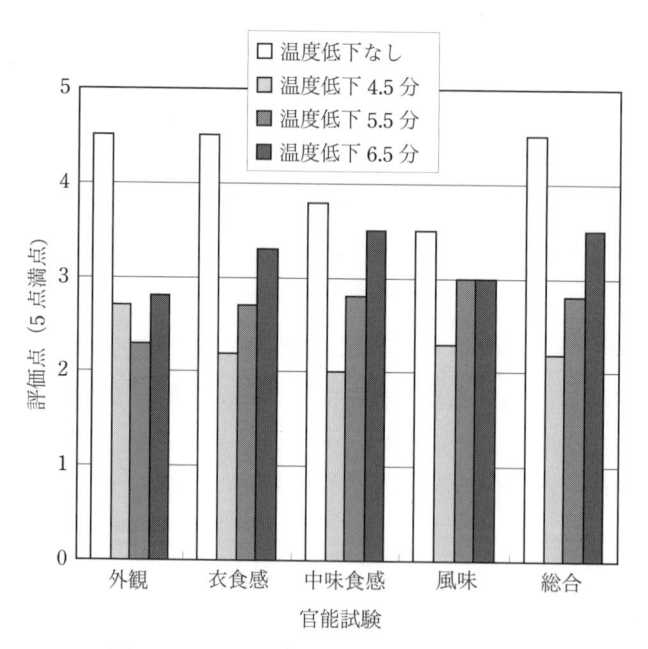

図 2.18 コロッケの温度低下と官能試験

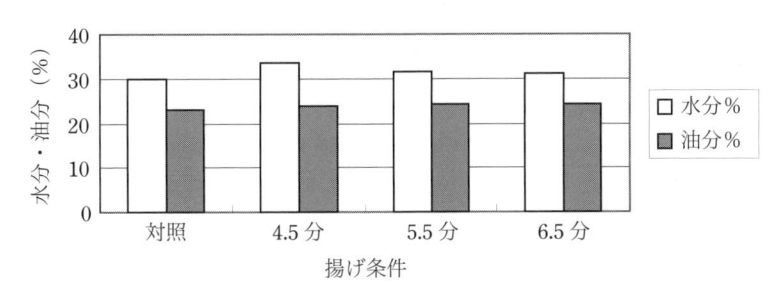

図 2.19 コロッケの温度低下と水分・油分（％）

コロッケは，浮いてしばらくすると黄色に色づき揚げ完了である．温度低下しない正常な揚げ（対照）では，3分30秒で浮いて4分で終了するのが最適な状態であった．温度低下有を作ると4分から4分30秒で浮き，その後1分以上で終了であり，さらに揚げてこれらを評価した．

図2.18より官能試験をした評価は，対照は外観，衣，総合などのすべての点で評価が高く最適の状態で，温度低下有では揚げ時間が長くなると評価は上がるが，対照とはかなりかけ離れていた．対照の水分・油分（％）はそれぞれ30.1％と22.9％であり，温度低下有では揚げ時間が長くなれば水分が減少するが，油分は対照よりも多かった．さらに揚げると少しずつ多くなった．水分と油分は1～2％位の狭い範囲でも美味しいか美味しくないかの差が出ると考えられる．

次に豚カツでの揚げ温度と一般性状を**表 2.5**に示した[12]．また，豚カツの紙への油とエキスの吸着量を**図 2.20**に示した[9]．

140℃，7分の揚げ条件では，外観，食感，油っぽさとも商品としての合格点に達しなかった．この条件では内部温度が辛うじて約75℃で殺菌温度であった．また図2.20に示すように，揚げた豚カツへの油とエキスの吸着量が多く，低温で揚げた場合，油切れも悪く，エキス吸着量も多く衣がべっとりとした感じであった．

160℃，4分では140℃，7分と同じく合格点に達しなかった．160℃，7分では少し改善した程度であった．また，図2.20に示したように140℃，7分以外は油とエキスの吸着量が著しく低下し改善できた．

170℃では，4分で外観が良好になったが食感は悪かった．6分では外観，食感，油っぽさのすべてにおいて大変良好であった．さらに温度を上げて180℃では4分で外観と食感とも大変良好であり，油っぽさも良好であった．7分では食感は良好であったが，外観はやや良好，油っぽさは不良であった．

豚カツは，肉，パン粉・バッター粉と油で作る簡単な料理であるが，最適な条件はかなり狭い難しい料理と言える．

表 2.5 豚カツの揚げ温度と一般性状

揚げ温度(℃)	時間	衣 外観 色づき		衣 食感 サクサク感		衣 油っぽさ		肉 中心部到達温度(℃)	肉 油分%	肉 水分%
140	7分	×	白っぽい,うすい	△	衣が生っぽい	×	やや油っぽい,べっとり感あり	約75	23.0	31.1
160	4分	×	白い,うすい	△	衣がカリカリしている	△	べっとり感あり	77	25.2	28.7
	7分	△	揚げムラがある	○	ガリガリしている	○	肉が硬い,ジューシー感なし	85	28.8	20.3
170	4分	◎	やや白っぽいきつね色	△	ややカリッとしている	○	ややべっとりしている	70	22.9	33.7
	6分	◎	ほどよい揚げ色	◎	カリッとしている	◎	油っぽさはない	78	27.5	30.0
180	4分	◎	ほどよい,普通	◎	カリカリしている	○	肉が硬い,さっぱり	80	27.7	25.0
	7分	○	黒っぽい,焦げがある	◎	焦げた味がする.肉と衣の一体感なし	×	油っぽい	85	28.6	23.3

材料:国産豚ロース肉(118円/100g)130g,厚さ1cm→筋切り→塩,コショウ→小麦粉で打ち粉→バッター液(水:小麦粉=2:1)→生パン粉.家庭用コンロ,ボール,油3kg張り込み.
評価:◎ とても良好,○ 良好,△ 普通,× 良好でない.

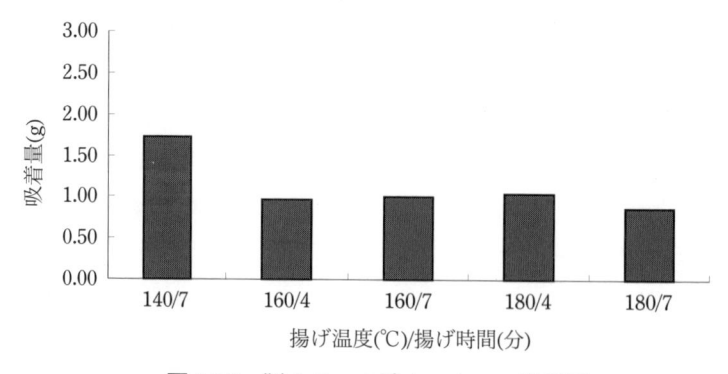

図 2.20 豚カツへの油とエキスの吸着量

2) フライヤーの大きさと温度低下[9]

フライヤーの大きさと温度低下には密接な関係がある.小さな鍋と大きなフライヤーでは温度低下が違う.中食の揚げ物に多く使われるフライヤーの適正な揚げ量を**表 2.6**に示した.これ以上に投入すれば温度低下が著しくなり美味しいフライ類は出来ない.また,最近は,O 157や他の食中毒で温度管理に神経を使っているが,フライヤーの設定温度も

表2.6 揚げ物別のフライヤーへの投入量

例		天ぷら類	フライ類		から揚げ類
			フライドポテト	コロッケなど	
油の温度		160〜170℃	160〜180℃	170〜180℃	170〜180℃
投入量	油16kg 張り込み	0.5〜0.8kg	0.8〜1.0kg		0.6〜0.8kg
	油25kg 張り込み	0.8〜1.0kg	1.0〜1.2kg		0.8〜1.0kg
留意点		・常に新油で揚げる ・投入量は少ないほどカラッと揚がる ・専用の天ぷら粉を使用すると便利	・大量投入は避ける ・連続投入は避ける		・水分が多いので投入量を減らす ・連続投入は避ける ・独立したフライヤーが望ましい ・使用後ろ過機でろ過

重要である．あるスーパーでフライヤーの初期温度設定調査をした結果では，このチェーン店のフライヤーの実測値と設定温度は，正常 (10℃以内) 7割，10℃以上の誤差2割，20℃以上の誤差1割であった．すなわち3割は10℃以上の差があり，最大で30℃であった．揚げ物類は，それぞれ揚げ温度と時間が決められているが，フライヤーの油の温度が正確でないと良い揚げ物が出来ないことが多かった．フライヤーの温度設定はダイヤル式が多く，長く使うと狂いやすくなる．いくら揚げ温度と時間を注意しても設定温度と実測値が違っていることは問題である．デジタル温度計も安くなったので，フライヤー付属の温度計以外の温度計で測って修正する必要がある．

揚げ種の投入量とフライヤーの設定温度の管理を正しく行えば良いが，揚げる人達が注意すべきことである．あるスーパー惣菜での午前中のフライヤーの温度変化を調べたところ，設定温度170℃であったが20℃以上下がることが度々あった．最高では25℃も低下した．この惣菜を試しに買って食べたが，弁当・そうざいの衛生規範の酸価2.5より低い酸価1.3でもあまり美味しくなかった．

3) 揚げ油の選択と油切れ [9]

フライ類の揚げ油は，加熱されても安定な植物油が求められる．一般には，泡立ちが起こりにくく，酸価や粘度の上昇があまりなく，着色しにくい油である．加熱されるので早晩劣化が起こるため，いかに安定性の高い油を選択して劣化を抑制するかである．

フライ類と豚カツの揚げ油を表2.7に示した．大豆油や菜種油のような常温で液状の油を基本に，加熱されても安定性のあるパーム油を配合することが多い．また，コーン油は

表2.7 フライ類・豚カツ用揚げ油

配合例	配合割合	
フライ食品	大豆油：パーム油	5：5
	菜種油：パーム油	7：3
	菜種油：コーン油：パーム油	4：3：3
	ハイオレイック菜種油：パーム油	6：4
	ハイオレイック菜種油：大豆油	6：4
	菜種油：大豆油：パーム油	4：3：3
豚カツ	菜種油：コーン油：パーム油	4：3：3
	ハイオレイック菜種油：パーム油	6：4
	ハイオレイック菜種油：大豆油	6：4
	菜種油：大豆油：パーム油	4：3：3
	菜種油：パーム油：ラード	60：35：5

香ばしい風味を有するのでパン粉を使ったフライ類にはよく合い，3割入れれば特徴のある揚げ物になる．さらに，大豆油や菜種油の代わりにハイオレイック菜種油を配合すれば耐熱性が良くなり美味しいフライ類になる．豚カツでも表2.7に示した同様な揚げ油を使えば良い．これらの植物油にラードを約5％配合すれば，動物脂のコクが出てくる．

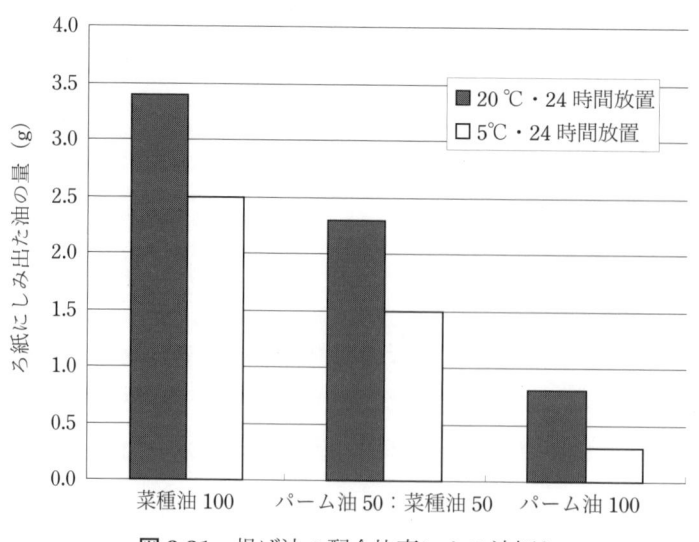

油切れについて図2.21に示した[9]．油切れはスーパー惣菜では重要である．この試験はパーム油と菜種油（液状油）の配合に必要である．コロッケを単独の油や配合油で揚げ，20℃と5℃の部屋に放置し，24時間後のろ紙にしみ出た油の量を測った．菜種油単独の場合，20℃と5℃ではそれぞれ約3.4gと約2.5gで量が多かった．菜種油とパーム油半々の配合油では，約2.2gと約1.5g，パーム油単独では約0.8gと約0.3gであった．パーム油を配合すれば，油切れがよくなったので配合油を薦めた．しかし，フライ類におけるパー

図2.21 揚げ油の配合比率による油切れ

2.3 揚げ油の上手な使い方

表 2.8 パーム油と液状油の違い

	パーム油	液状油	備考
耐熱性試験	◎	×	加熱安定性
油切れ（油じみ）	◎	×	トレー・皿・袋の汚れ
保型性	○	△	コロッケ・豚カツなどの型崩れ
酸化安定性	◎	△	保存性食品の酸化安定性
おいしさ	×	◎	油のうま味
食感	×	○	口どけ性・食感など
低温固形	×	○	主に冬季・冷蔵における作業性
価格・供給	○	△	液状油との比較

良好 ◎＞○＞△＞× 不良（相対比較）

ム油にも長所と短所があるので，これらを考慮する必要がある．パーム油の特徴を表2.8に示した．

これらを考慮し，冬季と夏季で配合比率を変える必要があった．パーム油の長所である耐熱性，油切れ，酸化安定性を活かしながら，液状油の長所である油のうまさや作業性を引き出す必要がある．

4) パン粉，バッター粉の選択[12)]

パン粉とは，日本農林規格によれば，「小麦粉又はこれに穀粉類を加えたものを主原料とし，これにイーストを加えるもの又は，これらに食塩，野菜及びその加工品，砂糖類，食用油脂，乳製品等を加えたものを練り合わせ，発酵されたものを焙焼等の加熱をした後，粉砕したものをいう」．

製造方法はパンを作る時と同じ直捏法（じかごね）で，常法で発酵させて外側が焦げないように低温で焼くもの（焙焼式）とオーブンで焼かずに電極法で加熱する方法があり，放冷，粉砕，乾燥し，粒度別に分けて製品とする．製品には，発酵しないパイを砕いたものやフレークパン粉，ソフトパン粉（生パン粉），乾燥パン粉などがあり，乾燥パン粉は乾燥良く，白くつやがある吸油率の少ないものが良いとされている．パン粉は，豚カツに代表されるように，肉をパン粉で包んで揚げた時のパン粉の食感と揚げ油のうまさで食べる．そのためにパン粉の品質と種類が重要因子である．パン粉の一般的な性状を表2.9に示した．

表 2.9 パン粉の種類と性状

種類	水分(%)	たん白質(%)	脂質(%)	炭水化物(%)	灰分(%)
生	35.0	11.0	5.1	47.6	1.3
半生	26.0	12.5	5.8	54.3	1.4
乾燥	13.5	14.6	6.8	63.4	1.7

表 2.10 豚カツ用バッター液の違いによる豚カツの性状

バッター液の配合	配合比	液の粘度 B型粘度(cP)	揚げ後の衣とパン粉の官能試験評価					衣とパン粉の性状	
			外観	評価(色つき)	食感	評価(サクサク感)	断面	評価(結着性)	油分(%)	水分(%)

バッター液の配合	配合比	液の粘度 B型粘度(cP)	外観	評価(色つき)	食感	評価(サクサク感)	断面	評価(結着性)	油分(%)	水分(%)
市販粉＋水	①粉1：水2	10000〜16600	◎	揚げムラあり，油っぽい	△	おいしい，ぬめりあり	◎	結着よい，バッターの厚さあり	33.2	26.4
	②粉1：水3	600〜700	◎	揚げムラあり	○	サクサク	△	やや剥がされる	30.8	26.5
	③粉1：水4	100〜400	△	若干色が濃い，やや焦げ目	○	非常にサクサク	○	比較的剥がれやすい	27.7	30.2
全卵＋水	④卵1：水1	50以下	○	他より色濃い	◎	少々油っぽい，パリパリ感	△	ジューシー感，口の中で剥がれる	30.7	30.0
	⑤卵2：水1	50以下	△	他より色濃い	◎	かなりサクサク，香ばしい	○	良好，あまり剥がれず	33.1	25.3
全卵＋牛乳	⑥卵1：牛乳1	50以下	△	一番黒っぽい	○	香ばしい	○	衣がうすい	36.9	23.3
小麦粉＋水	⑦粉1：水2	600〜1000	×		×		×		27.5	30.0
小麦粉＋水＋全卵	⑧1：1：1	400〜600	◎	若干黄色い	○	さっぱり	○	剥がれていない	28.2	32.2
	⑨1：1.5：1.5	1000〜1400	◎	若干黄色い	○	剥がれあり，べったり	△	剥がれている	31.1	29.3
市販粉＋水＋全卵	⑩1：1.5：1.5	1000〜1800	◎	若干黄色い	○	ジューシー感	○		25.8	33.0
市販粉＋牛乳	⑪1：1	1500〜2700	△	少々黒っぽい	△	下部べったり	○		30.1	33.0

材料：国産豚ロース肉 (118円/100g) 130g，厚さ1cm→筋切り→塩，コショウ→小麦粉で打ち粉→バッター液→生パン粉 (三木食品製) →揚げ170℃，6分；家庭用ガスコンロフライヤー 3kg 振り込み．バッター粉 (昭和産業製市販粉)：豚カツ用バッター粉とは，加工でん粉や小麦グルテンを配合して肉とパン粉との結着性を向上させた専用粉．

評価：◎ 良好，○ やや良好，△ 普通，× 不良．

パン粉が立って食べる時のサクサク感を出すには生パン粉を使う必要があり，豚カツなどフライした直後にすぐ食べるものは，食感や風味の良い焙焼式の生パン粉が良い．生パン粉は，水分が多くカビが生えやすいので冷蔵するか，酸素を絶つ目的で脱酸素剤を使うのも1つの方法である．ボリューム感を出し，サクサク感を強調するには，粒度分布が重要で，豚カツ用の生パン粉は2〜6メッシュ（6.6〜12.7mm）くらいの比較的に大きなパン粉が良いと思われる．パン粉の揚げ色には，でん粉などの多糖類の150℃以上での熱分解による徐々の分解と200℃以上の激しい分解で起こる褐変現象や，パン粉の中に残存するアミノ酸と糖類が多くなると生じるアミノ・カルボニル反応による着色が重要な役目をすると考えられる．

フライ類の作り方は，種物に小麦粉などをまぶし，卵を水で溶いた液に浸してパン粉を押し付けながらまぶして作る．しかし，調理冷凍食品の発達によりバッター液を用いることが多くなった．豚カツのバッター液は，小麦粉，卵，牛乳，加工でん粉などを混合したものである[12]．どのようなバッター粉を使えば良いかその例を**表2.10**に示した．業務用でバッター用市販粉が手に入れば，揚げ後の外観，食感，断面の結着性が良い豚カツができる．市販粉を用いた表2.10の⑩で市販粉：水：全卵＝1：1.5：1.5が最適である．全卵を入れなければ①が適当であろう．小麦粉であれば⑧の小麦粉：水：全卵＝1：1：1が適当である．バッター液の中の全卵は，外観を良くし，断面の肉とパン粉の剥がれが防止でき，食感のサクサク感もでる．市販粉にはでん粉の種類や添加量を変えて食感を改良した製品が多くなってきている．

2.3.4 美味しいから揚げ類を揚げるために

美味しいから揚げを作るためには，天ぷらやフライ類と同じく揚げ温度や時間が大切である．天ぷら用とフライ，から揚げ用のフライヤーのある店舗ではフライ類と同じフライヤーを使うのでフライヤーの稼働率が高まるが，風味が違うので天ぷらのフライヤーに入れることは厳禁である．また，多種多様なから揚げ種があるので，1回の投入量が多くなる恐れがある．すでに述べたが，どこの時点で廃油にするかが重要なポイントである．美味しい鶏のから揚げは，から揚げ粉の香辛料と揚げによる香ばしさがあり，表面がカリカリで中が柔らかいものである．

1） から揚げの種類と調味[13]

から揚げ商品のアイテムと分類によれば43アイテムが記載されている．その事例の一部を**表2.11**に示した．

作業現場に立ち会った経験では，大手チェーン店の現場は非常に良く出来ている．例え

表 2.11 から揚げ商品のアイテムと分類

	チキン関連商品群	魚関連商品群	あんかけから揚げ関連商品群	南蛮漬け関連商品群
1	とり骨なしから揚げ（むね正肉）	カレイから揚げ（ラウンド）	カレイのあんかけ	アジ南蛮漬け（大きめの冷凍アジ）
2	骨付きフライドチキン	カレイから揚げ（切り身）	白身魚のあんかけ	小アジ南蛮漬け（豆アジ）
3	骨付きドラムフライドチキン	イカから揚げ(身)	サバのあんかけ	イカ南蛮漬け
4	手羽先から揚げ	ゲソから揚げ	とりささみのあんかけ	白身魚南蛮漬け
5	手羽元から揚げ	ワカサギから揚げ	小海老チリソース	
6	手羽中から揚げ（チキンスペアリブなど）	サバから揚げ（フィレ1枚）	とりから揚げあんかけ（チリソース・酢豚風）	
7	ミートボール（たれ付き）	イカミミから揚げ		

「よく売れる」と「売れる」から揚げを記載（文献 13) を改変)

ば，味付きのから揚げは，1単位1～2kgの袋入りを開け，店舗で若干味付けして揚げると，から揚げの完成である．その店舗の独自の味を若干付けて揚げるだけである．また，他の中小の店舗では鶏肉を切ってマニュアルに従い，色々な調味をして揚げる．揚げる時間も温度もマニュアルに記載されている．

から揚げの市場には，製粉，香料，調味料などのメーカーが色々な食材を提供しているのでこれらを利用するとよい．餅屋は餅屋であり，そこからどのように展開するかが肝心である．

2) 揚げ温度と時間

表 2.11 に示したように，から揚げは種類も多く大きさも様々である．これらを含めて揚げ条件を表 2.12 に示した．温度と時間はそれぞれ少なくとも3と4あり，全部で12通りになる．揚げ回数も鶏肉を例にあげれば，1度揚げ，2度揚げ，3度揚げもある．種類では，水溶きタイプと粉付けタイプがあり，加水量により水分含量が違いこれらも変数になる．大きさにも大小があり，骨付きから揚げは200～300gと大きく，揚げ回数では，180℃4分で揚げ，余熱で再度180℃3～4分の2度揚げか3度揚げの可能性もある．20gのから揚げは，小さくとも2度揚げる必要がある．また，魚介類の小エビのように5g以下の食材で1度揚げもある．これらの度数を入れると揚げ条件の変数は1万5千以上になり，数値管理も含めた揚げ方マニュアルが必要である．

2.3 揚げ油の上手な使い方

表 2.12 から揚げの揚げ条件の変数

	1	2	3	4	変数の数
温度（℃）	160℃	170℃	180℃		3
時間（分）	2	4	6	8	4
揚げ回数	1度	2度	3度		3
種類	水溶き	粉付け	水分含量		3
大きさ（重量）	20g以下	20〜50g	50〜200g	200〜300g	4
フライヤー（熱源）	電気シーズヒーター	電磁フライヤー	ガス（中間加熱）		3
張り込み量	1斗缶	2斗缶	連続	有効油量	4
台数	併用	専用1台	専用2台		3
合計					15 552

近年，O 157 などの食中毒の危険因子も考慮することが必須条件で，中心温度を 70℃ 1 分以上にすることが必要である[14]．デジタル温度計も安価で広く普及しているので，測定器具を使い，数値管理することが是非必要である．

2.3.5 フライヤーとろ過機の上手な使い方 [9),12)]

スーパー惣菜や外食産業などのフライヤーの種類は数多くあり，フライヤーの選択には非常に苦慮すると思われる．

フライヤーの大きさ（容量）は，天ぷら，フライ類，から揚げ類のいずれを揚げるかによっても異なる．

熱源も電気かガスかを決める必要がある．電気の中にも電気ヒーターや電磁誘電加熱などの加熱方法があり，ガスでも各社それぞれ工夫をして差別化を図っている．

そこで，フライヤーの選択にあたり重要度順に基本的な考えを述べる．また，ろ過機についても基本的なことを説明する．

1) 1日の揚げ量を決定する─フライヤーの大きさ

フライヤーの相談で一番難しい問題にフライヤーの大きさがあり，大きさの決定の目安はそのフライヤーの1日の揚げ量である．例えば，1日に揚げ種をそのフライヤーで15〜16kg揚げるならば，同じ位の張り込み油量すなわち1斗缶（16.5kg）のフライヤーがよい．これよりも多くなれば2台設置することが理想である．

フライヤーは決して大は小を兼ねない．あまり大き過ぎると新油添加率が減少し廃油が

多くなる．

2) 何を揚げるか決める

上記で1日の揚げ量を決めたが，揚げ種の種類で投入量が決まる．同じフライヤーならば，揚げ種の種類により投入量を変える必要がある．また，天ぷら，フライ類，から揚げでもそれぞれ揚げ種の種類により当然温度低下が違う．違う要因としては蒸発水分量，種の温度すなわち生かチルドおよび冷凍，食品の成分などが考えられる．ここでは，同じような揚げ種でのフライヤーの種類による温度低下の違いを述べる．

図2.22と図2.23を比較すれば，同じ冷凍食品2kgを揚げているが，揚げ種により温度低下が違う．例えば，ガスフライヤーでは，冷凍コロッケは180℃で揚げ始めて，最も低下した温度は約150℃である．一方，冷凍ポテトは，180℃で揚げ始め，最低温度は約135℃である．この両者の違いはなにか．それは，蒸発水分量と考える．冷凍コロッケと冷凍ポテトの水分，油分，重量と蒸発水分の物質収支を比較した場合，冷凍コロッケは311gの水分が蒸発したのに対し，冷凍ポテトは522gと差があり211g多く蒸発した．このために冷凍ポテトの方が温度低下すると考える．水分が1g蒸発するためには，539kcalの熱量が必要であるので，蒸発水分が211gでは，水分の蒸発だけでも211×539＝113 729kcalが必要である．

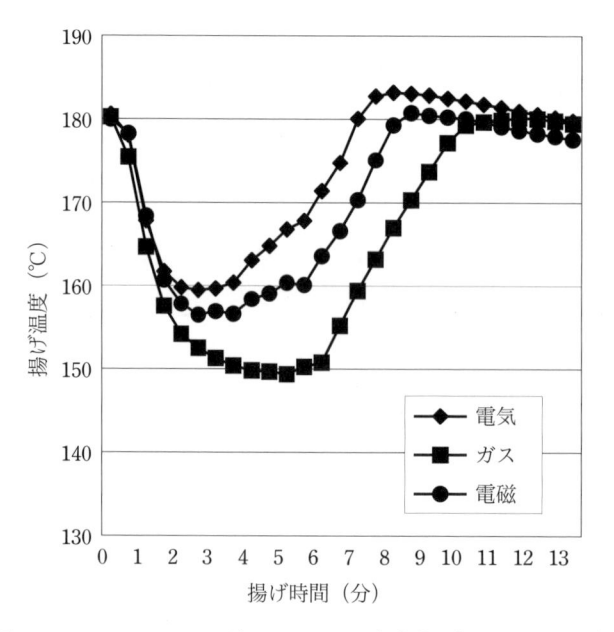

図2.22　フライヤーの違いによる温度変化（コロッケ2kg）

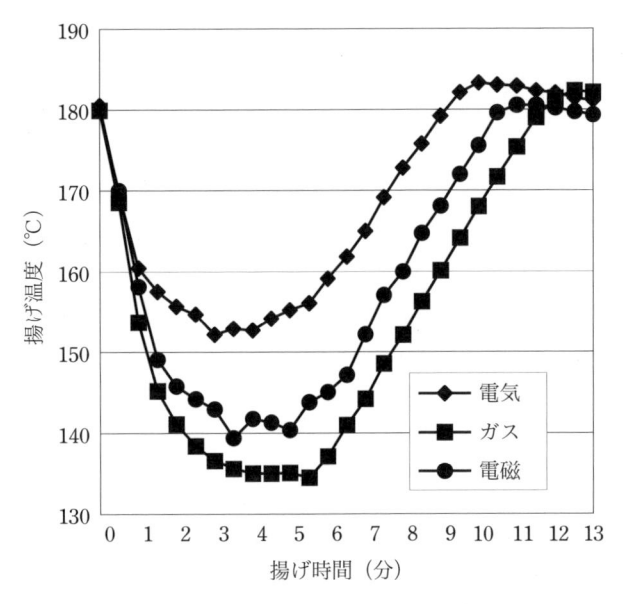

図 2.23 フライヤーの違いによる温度変化（ポテト 2kg）

3) 熱源を決める

電気かガスかを決める．これは非常に難しい問題で，電気とガスの比較を**表 2.13**に示した．選択の参考にして頂きたい．

電気ならば，100V か 200V か，電気ヒーターか電磁誘電加熱かを決めなくてはならない．最近では 200V 対応も出てきており，業務用は 200V の電気ヒーター方式が適している．

電気フライヤーの特徴は，加熱部分がガスのように高温にならず，揚げ油との温度差が少なく，温度制御が容易なことである．大量調理には 100V では熱量不足であったが，200V になり解消された．筆者が測定した加熱部分の温度は，電気で 250～280℃，ガスは 350～400℃であった．電気ヒーター加熱は，発熱体であるニクロム線を金属カバーで覆ったシーズヒーターを使う．

電磁誘電加熱は，高周波の電磁場内に鉄またはその合金を入れると鉄材が発熱する性質

表 2.13 電気加熱とガス加熱の比較

	大量調理	コスト*	初期投資	油脂劣化	温度制御	作業環境
電気 100V	△	×	×	○	○	○
電気 200V	○	×	×	○	○	○
ガス	○	○	○	×	×	×

＊ コスト＝ランニングコスト．
良好 ○＞△＞× 不良（相対比較）

表 2.14　各種ガス加熱方式の比較

	熱効率(%)	コスト	初期投資	油脂劣化	作業環境	総合判断
油槽直火	25	×	◎	×	×	×
中間加熱	35	△	○	△	△	○
強制対流	50	○	△	○	○	○

良好 ◎＞○＞△＞× 不良（相対比較）

を利用した加熱方法である．熱効率も極めて高く 90％と言われている．

　ガスでは，色々な加熱方式があるので選択が難しい．表 2.14で比較しながら説明する．

　油槽直火は，鍋や釜に熱源の炎が直接当たる方式で，安価で手軽であるが熱効率が悪く業務用には適さない．

　ガス中間加熱は，油槽の中間にある加熱管で加熱する方式で，ガスフライヤーの主流である．加熱管の上部で対流が起こり下部は加熱されない．また，揚げカスが下部に沈降するために汚れと過加熱が避けられる．

　強制対流燃焼は，燃焼部分を閉鎖しファンで熱風を強制的に対流させて熱効率を上げ，集中排気する方式である．

　そのほかにガス遠赤外線加熱もある．遠赤外線は赤外線の中でもマイクロ波に近い波長で，揚げ物内部に対して熱浸透性が良く内部まで加熱される．放射体を大別すれば，金属酸化物系セラミックと金属酸化物がある．使用頻度にもよるが，加熱による収縮が激しく耐久性に疑問がある．

　揚げ物をする時に火力が弱いと揚げ種を投入した後，揚げ温度が低下し温度の復帰が遅れることがある．そこで，3.5kgの油を張り込んで電気フライヤーとガスを使った鍋で揚げた時の温度の変化を図 2.24に示した[9]．使用材料は豚肉 130gで，揚げ油の量は同一であるが，供給カロリーの違いにより温度低下が違うことが分かった．

　ガスを使った鍋は，豚カツを 1枚入れて最も低くなっても約 176℃であったが，電気フライヤーは約 163℃まで低下した．電気フライヤーの温度低下の理由は，ヒーターの火力が弱く，供給カロリーよりも水分による蒸発カロリー（消費カロリー）が多いために低下していると考える．それに対して，ガスを使った鍋は，温度低下はするが，供給カロリーが多いためにあまり温度低下しない．温度低下が激しいと美味しい揚げ物を得られない．揚げ種によるが温度低下を少なくするためには，適正な油量および適正な火力が必要である．

　前に，冷凍コロッケと冷凍ポテトの揚げによる温度変化を図 2.22と図 2.23に示した[9]が，これは，同一の揚げ物と斗缶（18L）張り込みで，加熱方式による供給カロリーの違いとヒーターより上の油量（有効油量：ヒーターの加熱により温度が高められる油の量，すなわち加熱によ

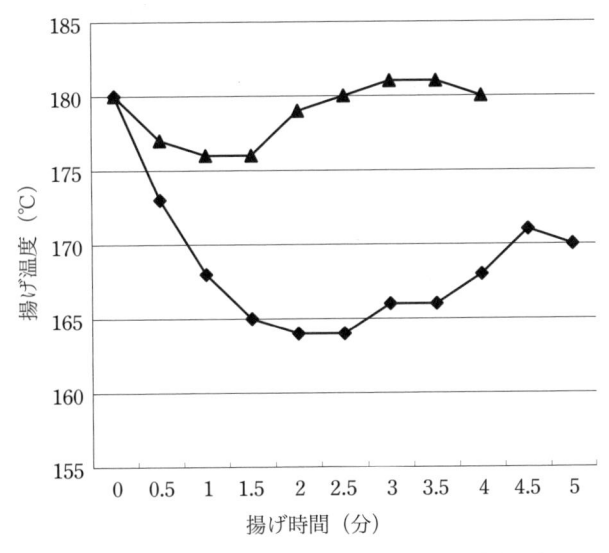

図 2.24 供給カロリーの違いによる温度低下
◆ 電気, ▲ ガス.

り温められる油量)の違いによる温度変化である．

冷凍コロッケ 2kg を揚げた時の温度変化を示す図 2.23 より，温度低下は，ガスフライヤーが一番激しく，次に電磁フライヤーで，電気フライヤーが最も少なかった．この違いは大きく分けて 2 つあり，1 つは有効油量で，有効油量が多ければ，温度低下が少ない．電気フライヤー：電磁フライヤー：ガスフライヤーの有効油量はそれぞれ 14.1：10.0：11.1 (kg) であった．

もう 1 つは，供給カロリーの違いである．供給カロリーを測定する目的で，各フライヤーの室温より 180℃までの到達時間を調査した結果，電磁フライヤー＞電気フライヤー≒ガスフライヤーの順であった．これより，ガスフライヤーより電磁フライヤーが有効油量が少ないのに温度低下が少ないのは、供給カロリーの違いによることが分かる．

揚げ中の油の温度低下は，有効油量と供給カロリーの違いで大部分が決まるので，フライヤーの選択が難しくなると考えられる．

4) ろ過機の必要性 [9]

ろ過機は専業メーカーのほか，フライヤーとのセット販売，異業種の機械メーカー，食品業者からの参入もあり，多種多様である．また，ろ過に必要なろ布，ろ紙やろ過助剤，脱酸剤などの選択が必要であり現場はかなり困惑していた．効用も当初は疑問視されていたが，外観の改良，異物混入の改善，風味改良などに一定の効果があった．しかし，長期間利用した現場での科学的な効果を示すデータもあまり無く，若干大学や公的な機関で調

表 2.15　ろ布とろ紙およびろ過助剤

種類	金網	ろ紙（荒い）	ろ紙（細かい）	ろ布	珪藻土	活性炭	耐熱繊維
ろ過特徴	粗大カス除去	粗大カス除去	カス・オリ除去	粗大カス除去	珪藻土が飛散する	紙などに固定	精密ろ過
ろ過性能	×	△	◎	○	○	◎	◎
色度改善	×	×	×	×	△	△	△
コスト	高価	安価	やや安価	安価〜高価	安価	高価	高価

良好 ◎＞○＞△＞× 不良（相対比較）

査を行っているが満足できる資料が無いのが実情である．筆者も顧客と共同で実験を行ったが，その現場でのみ通用するデータで，普遍的に説明できる結果が得られなかった．その理由は揚げ種，業種，フライヤーの種類によって，ろ過機，ろ布，ろ紙，ろ過助剤も違ってくるからである．ろ布，ろ紙やろ過助剤の種類を表 2.15 に示した．

現場では，酸価や色度の抑制，異物混入の有無，一番大切な風味への影響などを考慮する必要がある．生のエビを揚げると揚げ油の色付きが早い．そこで，ろ過助剤を使い黒色化を防止する方法を求められた．製油会社の脱色に使う活性白土，ろ過機に使う珪藻土，活性炭などで試験したが，改善が見られなかった．

ろ過機の使用回数は，1 日 1 回で良い．1 日に 4〜5 回もろ過した揚げ油は，空気中の酸素により著しく酸化し，酸価上昇，粘度上昇を起こし，揚げ物も極度な酸化臭を発生していた例があった．

5）フライヤーの洗浄[9]

30 年前から惣菜関係の技術援助のため，数多くの現場に行き，フライヤーの洗浄を見てきたが，確立された洗浄方法がなかった．表 2.16 に標準的な洗浄方法を記載した．

油が付着した状態で洗剤や油処理剤を使って洗浄すると油が乳化し排水と一緒に流れ，排水管に付着したり，川や海の汚染の原因となるので厳禁である．

大型スーパーや食品工場では，排水処理施設があり，油を扱う現場と排水処理の関係者との間でトラブルが起きる．廃食油が 0.1％から 0.2％に増えるだけで排水処理能力を 2 倍に増設する必要があると言われる．また，廃食油 500mL を処理するのに 300L の風呂で約 330 杯分の水が必要であるとされている．油の出る現場でこまめに処理することが必要である．また，油が床にこぼれると床が滑りやすく転んで労働災害を起こす恐れがあるので，油を吸収するマットの使用が必要である．このマットを排水溝に設置し流れ出し

表 2.16 フライヤーの洗浄手順

順番	手　　　順
1	油を完全に抜き取り，揚げカスを取り除く
2	フライヤー内壁に付着した油を紙などで拭き取る
3	フライヤーに水を張り，火を着ける
4	浮いた油を吸油マットで取る
5	専用洗剤を加え，5分間煮沸する
6	フライヤーの外側を洗う
7	火を消して排水する
8	残っている汚れをブラシで落とす
9	ホースで多量の水を掛けて洗う
10	水を満杯まで張り，そのまま排水する
11	布または紙などで水を拭き取る

た油を吸収し，排水処理能力を超えないように防ぐのが得策である．n-ヘキサン抽出物質に対する規制が厳しくなり，油脂回収装置の導入が必要である．

　揚げ油を上手に使うためにはどうすれば良いか．特に揚げ温度と時間が重要で，フライヤーの選択と投入量も大きな要素である．色々な事例を挙げたが惣菜の製造現場に役立てて頂きたい．

引用文献

1) 藤原喜久夫：弁当・そうざいの衛生―施設 設備 製造 調理から流通販売まで―, p.59, 中央法規出版 (1980)
2) 日本食品衛生協会：弁当，そうざいの衛生規範，p.18. 日本食品衛生協会 (1979)
3) 鈴木修武：揚げ物類の現況と揚げ物用油脂の新傾向，ジャパンフードサイエンス，No.10，p.54 (1990)
4) 太田静行，湯木悦二：改訂 フライ食品の理論と実際, p.76, 幸書房 (1994)
5) 太田静行：油脂食品の劣化とその防止, p.272, 幸書房 (1977)
6) ホーネンコーポレーション：食用油のテキスト, p.35 (1989)
7) 鈴木修武，加藤　昇：揚げ油の上手な使い方，杉山産業化学研究所年報(平成9年), p.126 (1997)
8) 近　雅代，上柳富美子：ニジマスの揚げ調理におけるパーム油の性状変化，家政学研究，Vol.41, No.1, p.1 (1994)
9) ホーネンコーポレーション，技術資料．
10) ホーネンコーポレーション：植物油がわかる本, p.20 (2000)
11) 鈴木修武：花咲油の上手な使い方，フードリサーチ，No.3, p.24 (2000)
12) 鈴木修武，加藤　昇：豚カツ製造と植物油，杉山産業化学研究所年報(平成14年), p.100 (2003)
13) 惣菜デリの教科書，食品商業，2002年5月臨時増刊, p.44 (2002)
14) 日本給食サービス協会：危害分析・重要管理点方式〈集団給食用食品〉，絵で見る衛生自主管理マニュアル―HACCP対応の実践編―, p.28, 日本給食サービス協会関東支部 (1999)

3. 炒め油・離型油とその上手な使い方[1),2)]

3.1 はじめに

　炒め油や炒め機を開発した昭和50年代は，食品業界において工業的な炒め物や装置などの情報はあまりなかった．

　筆者らは大豆レシチンを配合した炒め油および離型油の用途開発のために多くの食品企業を訪問した．その中でスーパー惣菜と製パン，焼きそばの製造現場が有望であった．ある現場でハンバーグを焼くラインがあり，焼き棒に生地を載せて焼くが生地が焦げ付くので，離型油の使用試験をした．同じ現場で焼きそばを焼いていたので，ここにも離型油を紹介し，その後，焼きそば用に大豆レシチン入り油（以下，炒め専用油とする）が本格的に使われるようになった．この油で，チャーハン，スパゲティ，焼きうどんなどの炒め物が作られた．さらに，炒め機の開発の要望があった．

　炒め専用油と同じ仕様の離型油を離型油市場に持ち込んだ．当時，離型油と言えば製菓・製パン用で，製菓・製パンの市場で専門業者が扱っていた．この市場にも挑戦したが壁が厚く，既存の市場を避けて新しい用途を探した．その中から，炒め専用油の兄弟商品や新しい仕様の離型油も開発された．

3.2 炒め物とその特徴

　山崎ら[3)]によれば，炒め物とは熱せられた鍋の熱と少量の油の熱によって食品を加熱する調理で，焼き物と揚げ物の中間に属する．炒め物は，揚げ物に比べて油の量が少ない，高温になり焦げやすい，食品を短時間に調理するので混ぜたり揺り動かすなどの特徴がある．さらに，加熱方法から見ると，油の量や材料，目的によって煮る，揚げるなどを兼ねる場合が多い．このような観点から炒め物の分類を**表3.1**に示した．

　杉田[4)]によれば，炒めるとは鍋または鉄板で油を用いて材料を加熱する操作を言い，広い意味の焼き物操作の一種と考え，焼きそばのように焼くことと炒めることが同意語の場合が多い．その特徴は，焼く欠点として食品の表面と内部の温度差が大きいことから，材料を細かくし，撹拌によって欠点を補うものと考え，異なる食品同士を一緒に炒めると，

表 3.1 炒め物の種類

種類	例
油炒め(ソテー)	調理の予備的操作として炒める場合，みじん切りタマネギの油炒め，ルーなどを炒めて仕上げる場合，野菜類の油炒め，飯（チャーハン）またはめん類（そば，うどん），パスタ類（スパゲティ，マカロニ）の油炒め．
炒め煮	調理の予備的操作として油炒めをして，これに煮だし汁や調味料を加えて煮る．中国料理の炒菜，日本料理ではきんぴらごぼう，いり鶏など．田作り，油揚げの煮付け．
炒め焼き	食品を動かしうる程度の油で食品の付着を防ぎながら加熱，炒めることと焼くことを兼ねている．ムニエル，ハンバーグステーキなど，厚焼き卵．
炒め揚げ	揚げ物の代わりに油の量を多くして加熱する．食品の下部は，油の中に浸って盛んに水分を蒸発し，揚げ物のようになる．メンチボール，魚のフライ，カツレツなどの場合に用いられることもある．

文献 3) に加筆．

味の交流が起こり調味料の浸透を容易にするが，大量生産には向かない．

太田[5]によれば，炒め物の特徴は，条件を設定しにくいので調理が難しく，よく撹拌し手際よくすることが必要で，手間が掛かり，鍋の底部からの伝熱のため効率が良くない．

炒め物は強火で行うが，食品の熱伝導率が低いので強力な撹拌が必要であり，温度分布も不均一になることから大量調理には不向きであった．しかし，昭和 50 年後半に，筆者らが開発した炒め油や機械によって炒め物が大量生産されるようになった．

3.3 炒め油とは

3.3.1 炒め油の機能

太田ら[6]によれば，炒め物における油脂の役割は，a. 食品の香りや色の発現に関与する，b. 食品が加熱面にこびりつくのを防止する，c. 食品に移行した油脂が独特の味を付与するなどがある．

惣菜や外食産業で使われる炒め油に必要な機能は，a. 高温で使用されるので加熱劣化に強い，b. 焦げ付きやすいので離型性が良いこと，c. 少量で炒め効果が出る，d. 油のうま味を付与する，e. 洗浄性が良いなどが考えられる．e. の洗浄性は意外に思われるが業務用では重要で，作業終了後に器具を洗うので洗浄しやすいことが必要である．

3.3.2 炒め油の種類

各料理の炒めに使用する油脂類を**表3.2**に示した[7]．日本料理には，サラダ油と天ぷら油が使われる．大量に炒める業務用では，大豆サラダ油，菜種サラダ油を使用するが，酸化臭が出るために酸化に強いハイオレイック種の菜種油を使うことがある．さらに業務用では焦げ付かず，作業後の洗浄が容易な大豆レシチンや他の乳化剤を配合した炒め専用油が使われることが多くなった．

表3.2 炒め物用油脂

料理名	油　　脂	備　　考
日本料理	サラダ油・天ぷら油	
中華料理	ラード 鶏油 落花生油 ごま油・サラダ油	ラードの香りと味 香味野菜含有
西洋料理	バター マーガリン	香りの賦与
韓国料理	ごま油	
その他 （専用油）	家庭用炒め油 業務用炒め油・離型油	大豆レシチン・各種乳化剤 大豆レシチン・各種乳化剤

また，家庭用でも炒め油としてサラダ油が使われるが，業務用と同じように乳化剤が配合された炒め油も売られている．この油は使用量が少なくて済み，離型性が良いことから普及している．

中国料理では，ラードの香りと味が不可欠であり，また，香味野菜の香りを付けた鶏油も使われている．独特の味や香りを持った落花生油も使い，ごま油は香味油として使われることが多い．

西洋料理[8]では，短時間で炒め焼きをするソテーに使われ，別名バター焼き，バター炒めと呼ばれバターが不可欠である．魚のソテーはムニエルと言い，粉をまぶし，バターを使い炒め焼きをする．

3.3.3 炒めにおける油脂の加熱劣化

炒めに色々な油脂が使われるが，少量で薄い皮膜状で調理されるので加熱劣化する．

山崎[9]は都市ガスを用いて鍋の底部を温度を変えて加熱し，火を止めて油脂5gを入れ，15秒後に水で急冷した．鍋底面の油脂をエーテルで集めて各油脂の変質を測定した．その結果を**表3.3**に示した．酸価は底部温度が100〜300℃まで変化が少ないが400℃以上で

表 3.3 カラ焼き鍋の底部温度と油脂の変質

	鍋底部の温度	油脂の種類							
		大豆油	菜種油	米油	コーン油	べに花油	パーム油	ヤシ油	ラード
酸　価	未加熱	0.05	0.06	0.16	0.10	0.04	0.05	0.05	0.06
	100℃	0.12	0.11	0.18	0.18	0.07	0.14	0.06	0.13
	200℃	0.10	0.10	0.18	0.16	0.10	0.12	0.14	0.13
	300℃	0.17	0.11	0.20	0.15	0.15	0.13	0.15	0.17
	400℃	0.26	0.16	0.25	0.19	0.32	0.62	0.47	0.32
	500℃	0.40	0.32	0.39	0.40	0.32	1.76	1.56	0.52
過酸化物価	未加熱	0.7	2.2	1.5	0.3	1.3	2.5	1.1	0.0
	100℃	—	—	2.7	—	5.1	—	—	2.8
	200℃	0.4	—	2.7	—	10.2	7.0	—	8.6
	300℃	19.9	12.9	33.1	12.2	15.7	18.6	16.9	18.1
	400℃	12.0	8.7	14.6	9.5	16.8	24.2	44.8	17.0
	500℃	6.6	5.7	8.7	8.6	9.7	29.6	47.3	12.0
カルボニル価	未加熱	1.8	1.8	3.0	1.4	3.7	1.7	0.8	3.5
	100℃	1.7	2.5	3.0	1.8	3.9	2.0	0.8	3.5
	200℃	1.9	2.7	3.1	1.8	4.6	1.9	0.8	4.1
	300℃	7.9	5.9	6.8	3.6	9.1	6.1	2.4	7.8
	400℃	20.7	19.8	15.8	19.2	25.0	19.6	22.5	29.7
	500℃	28.3	31.2	32.2	43.2	51.0	58.9	71.3	60.8

変化が大きく，パーム油，ヤシ油でその傾向が著しかった．過酸化物価（PV）は不飽和油では底部温度300℃で最高値を示し，それ以上では減少している．この理由は高温では過酸化物の分解速度が速く，生成速度が大きくないためと述べている．一方，パーム油やヤシ油では300℃以上でも増加している．カルボニル価は200℃まではほとんど変化がなく，400℃以上で急速に増加している．さらに，80～140℃の温度で油の量による違いを試験した．140℃の結果を図3.1に示した[10]．この図に見られるように，g当たりの比表面積が多いほど酸化されることが分かる．120℃以下の低い温度でもかなり変化が見られる．

鈴木[1)]は，炒めに通常使われる油脂と大豆レシチンなどを配合した炒め専用油で酸化の指標である過酸化物価とカルボニル価を測定した．

その試験方法は，フライパンを想定して300Wの電熱器にアルミニウム製バット（16.5×10.5cm，厚さ約0.7mm）を置き，表面温度計で測定して200℃に加熱する．各試料油を10g投入し，5分間加熱後に採取し，この操作を5回繰り返して試料油とする．基準油脂分析試験法で過酸化物価とカルボニル価を測定した．その結果，過酸化物価は，ラードと大豆油で30meq/kg以上になり，コーン油とごま油では20meq/kgで，大豆レシチンなどが入った炒め専用油は5meq/kgと低かった．カルボニル価は，大豆油とラードは30と高く，ご

3.3 炒め油とは

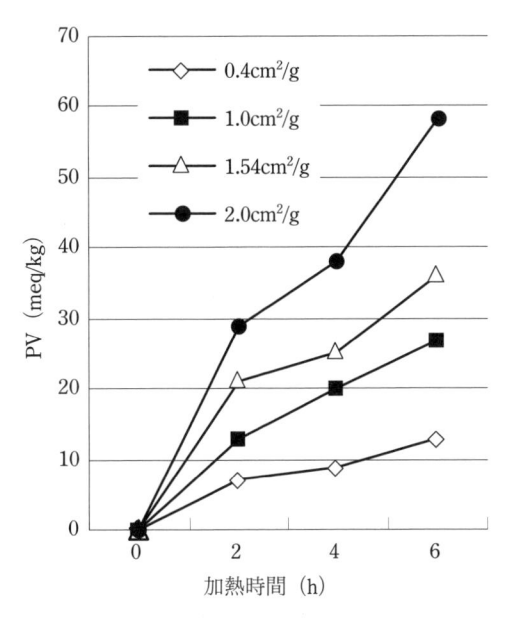

図 3.1 油の量による過酸化物価の違い
文献 10) より作成.

ま油は 25 で，コーン油は 15 であり，炒め専用油は 7 と低かった．その理由は，ラードは一般に抗酸化物質が少なく，大豆油は不飽和酸含量が高いためと思われる．比較的に酸化安定性があるコーン油，ごま油が酸化されなかった．大豆レシチンなどの入った炒め専用油はさらに酸化されにくかった．

鈴木[11]は炒め専用油に使われている大豆レシチンと他の乳化剤を用いた油脂の AOM 試験を行っている．その結果を**図 3.2** に示した．対照はコーン油で AOM 値 20 時間であり，

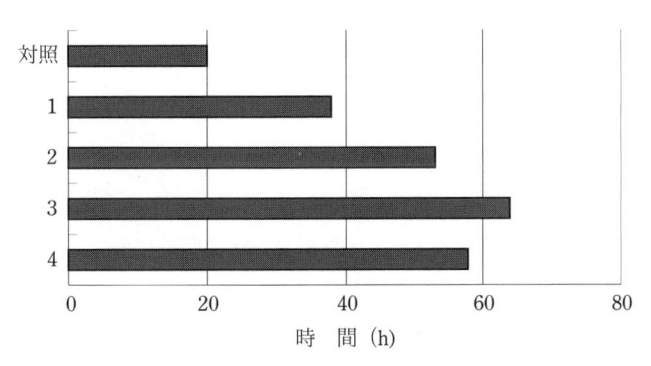

図 3.2 コーン油のレシチン含量と AOM 試験（過酸化物価が 100meq/kg に到達する時間）
対照　コーン油.
1　大豆レシチン 1%＋乳化剤 2%含むコーン油.
2　大豆レシチン 2%＋乳化剤 2%含むコーン油.
3　大豆レシチン 3%＋乳化剤 2%含むコーン油.
4　大豆レシチン 3%含むコーン油.

大豆レシチン1％と他の乳化剤添加では38時間と対照の2倍になり，さらに大豆レシチンが多くなるとAOM値が長くなり酸化安定性があると言える．また3と4の差から大豆レシチン以外の乳化剤でも酸化防止効果があることが分かった．

また，山崎[12]は，トコフェロールと大豆レシチンをラードに添加し，炒めに使われることを想定して温度を変えて試験している．過酸化物価の結果を**図3.3**に示した．これによると，対照のラードは温度上昇と共に急激に過酸化物価が上昇したが，トコフェロールを添加した試験区は過酸化物価の上昇が押さえられ，さらに大豆レシチンを添加した試験区は過酸化物価が低くなった．

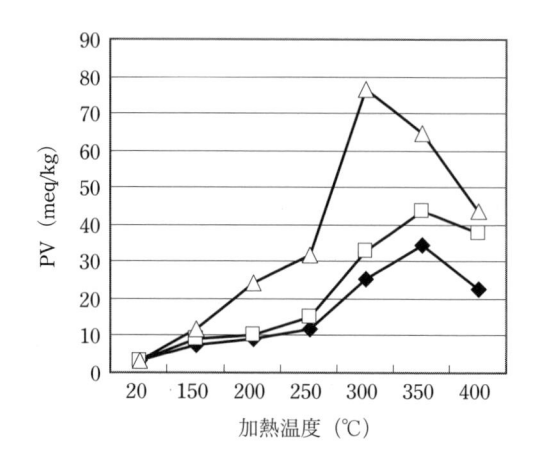

図3.3 加熱に対する酸化防止剤の効果
△ ラード（対照）．
□ ラード＋ミックストコフェロール0.1％添加．
◆ ラード＋ミックストコフェロール0.1％
　＋大豆レシチン0.1％添加．
文献12)より作成．．

菰田[13]によれば，大豆レシチンには抗酸化作用があり，炒め油でも大豆レシチンが酸化防止剤の役目を果たしていると考えられる．

これらの結果より，炒め調理においては油脂の種類によって酸化の指標である過酸化物価の上昇に違いがあり，また大豆レシチンを添加すれば酸化が抑えられることが分かった．

3.4　炒め油の上手な使い方

3.4.1　美味しい炒め物を作るために

炒め物は強火で短時間に調理するために下準備が重要である．材料の切り方は，千切り，薄切り，賽の目切りなどが炒めに向いている．材料の量は，材料から出る水分を蒸発させるために，鍋の容量に対して半分から3分の1が適量である．

炒める順序は，火の通りの遅い物から炒める．また，ニンニクやショウガなどの香味野菜は予め炒めておくと良い．油の量は材料の種類，切り方，加熱時間により異なるが，表面に行き渡るくらいが良く，少ないと焦げたり，喉越しが悪く，多いと油っぽくなる．調味料は，塩，砂糖，化学調味料などの熱に強いものは先に添加し，香りや味が変化する醤油や酒，ソースなどは最後に加える．

3.4.2 炒め油の使用量

炒め物に使われる油の使用量は，調理の種類，切り方，加熱時間により異なるが，炒め中に材料に付着するか浸透し，鍋やフライパンに若干残る程度か残油がないのが良い．

太田[14]は，1mm幅のキャベツの千切りを100g使い，色々な使用量で炒めた製品の性状を**表3.4**のように示している．この結果より，油の使用量は材料に対して3%が適量と考える．

表3.4 油量と炒め物製品の性状

油量（%）	炒め物製品の性状
1	焦げてつやがない
3	鍋に油が残らず，製品につやがある
5	鍋に油が多少残るが，適当な製品となる
7.5	鍋全体に油が浮いて波状に残る
10	油が流れて揚げ物と似た状態になる

山崎ら[3]によれば，キャベツやモヤシのように水分が90%以上で，炒め時間の短い物は材料の3%，炒めによりたん白質が凝固する薄切り牛肉や魚肉などは5%位，油の吸収しやすい飯などは7～10%位が適当であるとしている．

鈴木[1]は焼きそばで，サラダ油の場合は材料の5%，大豆レシチンの乳化剤入りの炒め専用油は3%が適量であるとしている．また，安川[15]は同様の乳化剤入り炒め専用油では，サラダ油の1/2が適当であると述べている．

3.4.3 炒め物用調理器具 [5),16)]

家庭や小規模の炒め物には，フライパンや中華鍋が用いられる．厚手の鍋は温度保持能力があり，炒め物に適している．炒めるだけのときは比較的に浅い鍋が良いが，炒めた後に煮込む場合は深さのある鍋が良い．炒め鍋の材質は，鉄製，アルミニウム製，ステンレス製などがあり，さらに調理に便利なように特殊加工されたアルマイト鍋やフッ素樹脂で加工したテフロンやポリフロン鍋がある．樹脂加工した鍋は油脂を使わなくても焦げ付かないが，業務用で長時間使うと効果がなくなる．

3.4.4 炒め物用調理機械 [17)~19)]

フライパンや中華鍋を用いて人手で炒め調理を行ってきたが，スーパーの惣菜，コンビニエンス・ストアのベンダー，惣菜産業，給食産業，食品加工業などで短時間に大量の炒め調理を行うために機械化のニーズが高まった．現在生産されている炒めに関連した各種大型機械や装置を**表 3.5**に示した．鍋の形状や調理方式から分類すると撹拌機付き炒め機，

表 3.5 各種大型炒め機の特徴

	撹拌機付き炒め機		エスカルゴ型炒め機	カップ型炒め機
概要	縦型炒め機 撹拌は縦軸	横型炒め機 撹拌は横軸		
	通称：煮炊き撹拌機，クッキングミキサー 加熱撹拌	通称：ニーダー式煮練（にねり）機	炒め機	
	鍋は回転させず，遊星運動をするパドルやリボン型撹拌機により撹拌する．加熱方法：ガス，蒸気および併用あり（ガス：炒め臭，蒸気：低温加熱で併用は両者の利点）		1社独占	炒め鍋の内側に材料を持ち上げる板または突起や棒があり鍋が回転．ガス，電気加熱．
調理の特徴	調理の温度，種類により使い分ける．		温度が高めで炒め感がある．	蒸気がこもりやすい．
	多少温度が高く，炒めの香りが必要な材料に向く．	高水分材料の煮炊き用．焦げやロースト感のある調理品には不向き．		
調理温度	200～230℃前後	70～100℃前後	230～250℃前後	
主な適用調理食品	野菜類（タマネギ関係：コロッケ，ソースなど）	小麦粉製品（ホワイトルー，シチュー，グラタン，クリームコロッケ）		
	きんぴら，ピラフ，中華炒め，酢豚，スクランブルエッグ，卵の花	カレールー	焼きそば，チャーハン，スパゲティ，野菜炒めなど	
	肉じゃが用，焼きそば用，シチュー用		焼肉など	
主な製造者	カジワラ，品川工業所，飯田製作所など	カジワラ，品川工業所，サムソン，中井機械工業など	J-オイルミルズ	J-オイルミルズ，カジワラ，日本省力機械，クマノ厨房，サンゴー，タニコーなど

エスカルゴ型炒め機，カップ型炒め機，鍋型炒め機に大別される．

撹拌機付き炒め機は，鍋は回転せず，パドルやリボン型の撹拌機により撹拌しながら炒める．撹拌機は縦軸，横軸があり，炒めた後に鍋で練ったり煮たりすることができる．色々な呼び名があり，加熱撹拌機，煮炊き撹拌機，煮練撹拌機（ニーダー）と言われている．

撹拌機付き炒め機は，調理の特徴として，多少温度が高く，炒めの香りが必要で，付着性のある食品素材を炒める場合に使われる．パドルやリボンと鍋の間で材料が潰される欠点がある．

エスカルゴ型炒め機は，水平状態のバーナーの上で渦巻状の鍋がゆっくり回転し加熱調理する．食品材料は加熱されながら鍋の外周部から中心に向かってゆっくり移動する．中央部でまとめられ，さらに回転が進みある角度になると，材料自身の重力で外周部の加熱された鍋に落下する．落下時に小さいパドルにより分けられ，材料撹拌が行われる．その落下時に材料の勢いで水分の蒸散が行われる．これらの仕組みを**図3.4**に示した．

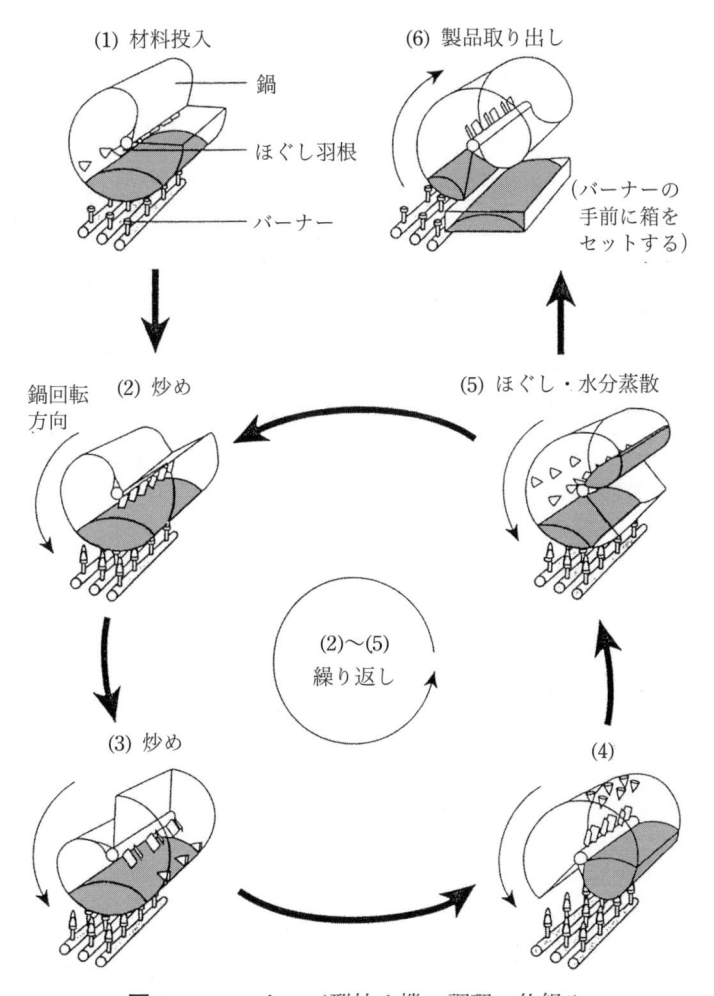

図3.4 エスカルゴ型炒め機の調理の仕組み

調理の特徴は，炒め鍋が水平状態で回転することにより，炒め油や食品が偏ることなく均一に，しかも高温で加熱された鍋に落ちるのでよ良く炒められる．欠点として，鍋の構造が複雑なために洗浄が難しい．

カップ型炒め機は，カップ型の炒め鍋の内側に食品材料を持ち上げるパドル，ミキシングプレート，板や突起物を1か所以上取り付けてある．鍋は一定方向に回転する．撹拌効果を増すために定期的に反転させ，かつ鍋自体の傾斜を変える機種もある．蓋のない機種はやや上向きに傾けた状態で回転させて調理する．食品材料をパドルや板で持ち上げて撹拌する．鍋が上向きで回転するために鍋底に材料が厚く重なる欠点があり，加熱ムラや味のバラツキがでる．蓋のある機種では，鍋自体の傾斜が自由で水平状態でも鍋を回転させて調理できるので，カップ型の欠点が多少改良できる．

大型の炒め装置が販売されてきたが，近年調理量が約3～5kgの小型の炒め機もあり，これを表3.6に示した[19]．多くはカップ型の炒め機であるが，鍋が手で調理するときに似た動きをする機種や，加熱バーナーや熱源の上で鍋が回転し，さらに，らせん状の撹拌棒で食品材料を撹拌する機種も加わった．

さらに，HACCP対応型，筒状の連続炒め機，誘電加熱（IH）の加熱装置を搭載した炒め機など，多種多様な機械が発売されている．

表3.6 小型炒め機の種類と特徴

製造者 販売者	名　称	熱　源	特　徴	調　理　例
ニチワ電器	ロータリー炒め機	電気（IH方式）（3および5kW）	回転釜，メニュー選択あり	チャーハン，焼きそば，エビチリなど
フジマック	IH回転炒め機	電気（IH方式）（2.6kW）	回転釜	チャーハン，焼きそば
MIK	自動中華調理機 ロボシェフ	ガス式	平面回転方式 専用鍋，標準ループで撹拌	チャーハン，焼きそば，野菜炒め，エビチリなど
		電気（IH方式）（3.1kW）		
三栄	マルチケトル プロボ	ガス	回転鍋，角度調整 保温に利用可	焼きそば，チャーハン，カレー，煮込みなど
	炒レンジャー	ガス	自動鍋振り型	チャーハン，野菜炒め

3.5 美味しい焼きそばを作るために

炒め物の代表として美味しい焼きそばを例にあげて述べる．美味しい焼きそばとは，めん全体がシコシコして弾力があり，表面に少し焦げ目が付き，内部が柔らかく水分があまり飛んでいないことが条件である．油は多くもなく少なくもなく，ほどよく表面に付着し喉越しが良いことが必要である．当然，焦げ目が多くなく，油は高温で加熱されているが酸化した臭いがない．野菜は高温短時間で炒まっており，例えばキャベツでは外観がキラキラ輝き，緑が残り，所々に焦げ目が付いている．食感はシャキシャキしている．肉類は炒まっていて肉の味が焼きそば全体に行き渡り，ソースの香りが残っている．

このような美味しい焼きそばは，どのように焼けば良いかその要因を**図 3.5**のように分析し，重要度順に解説したい．

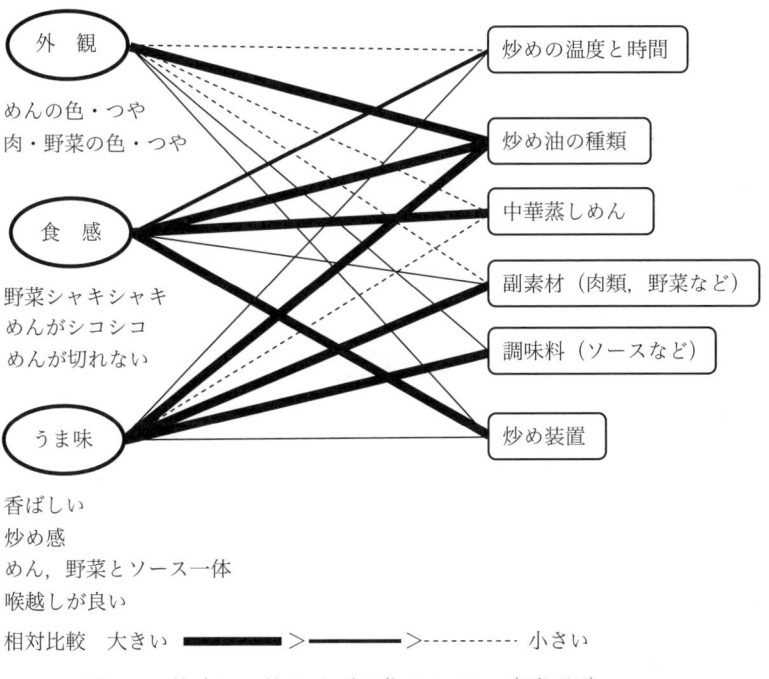

図 3.5 美味しい焼きそばを作るために（要因図）

3.5.1 炒め温度と時間[1), 2)]

揚げ物と同じように炒め物でも温度と時間が重要である．温度をしっかり把握すれば，炒め物がよく出来ると言っても過言ではない．しかし，この温度管理が難しい．炒め油を開発した当初，精度の良い表面温度計がなく，あっても非常に高価であった．また，実験室で測定できても現場では測定できなかった．

幸い油の発煙点が250〜280℃以上であり，油が発煙したら適温であると判断した．実

際にフライパンで温度変化を測定した結果を**図 3.6**に示した．表面温度を150〜400℃まで50℃ごとに変えて焼きそばを焼いた．

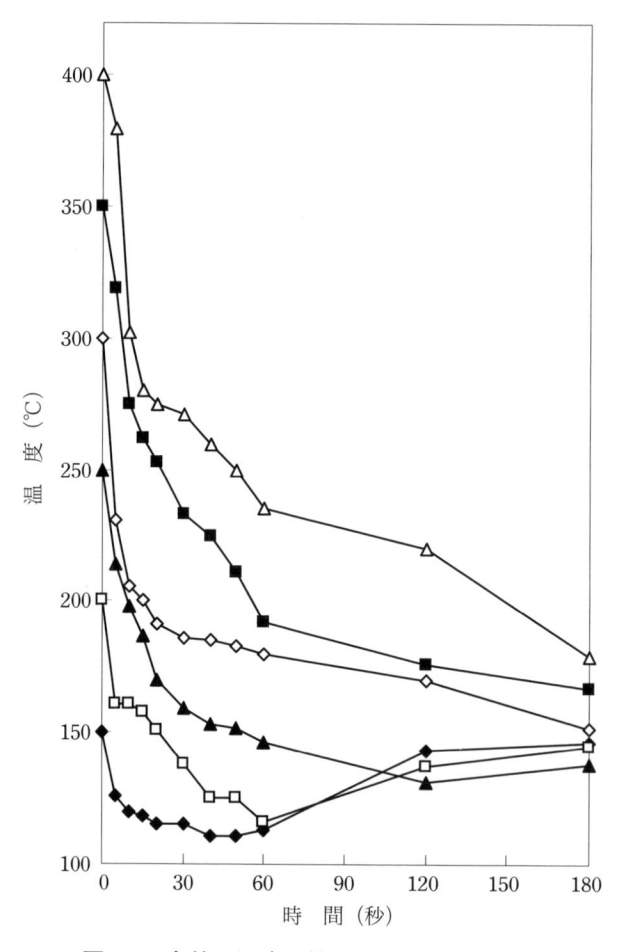

図 3.6 各炒め温度で炒めた時の温度変化

　試験方法は，中華蒸しめん200gに12gの大豆レシチン入り炒め専用油をまぶし，フライパンの表面温度が既定温度になった時点で中華蒸しめんを投入し，よく撹拌し3分間加熱しながら温度測定をした．フライパンの温度変化は，300，350，400℃の各温度では最初の10秒で約100℃近く急激に温度が低下し，次の10秒で少し低下し，60秒後から緩慢な低下になった．炒め物でこれくらいの温度低下になるものと考えられる．次に250℃の温度では，10秒後では約50℃の温度低下で300℃以上よりも緩慢であった．次の10秒でも同じくらい低下した．60秒後からさらに緩やかに低下した．初期温度が200℃では60秒まで250℃と同様であったが，60秒を過ぎると徐々に上昇した．初期温度150℃では当初温度低下はするが，30秒後より温度低下は少なくなり，60秒くらいまでほぼ一定であった．その後徐々に温度上昇した．

調理師に炒め物の難しさを聞いたことがあるが，炒めの初期温度を焦げない程度に高くし，短時間に炒める必要があることを実感した．

その後，食感，香り，外観の風味試験を行った．風味試験の結果は，150℃で3分間加熱では可食状態ではなく，さらに3分炒めた結果やっと食べられる状態であった．150℃では明らかに加熱不足であった．200℃では3分で可食状態であったが炒め感がなく，食感も弾力性がなく加熱不足であった．250〜350℃では，炒め感があり炒めた香りも出て食感も良かった．400℃では，食感も風味も良かったが部分的に焦げ目が出て評価を下げた．焼きそばの適当な温度は250〜350℃と考えられる．

3.5.2 サラダ油と炒め専用油の比較試験

焼きそばの炒めにおけるサラダ油と炒め専用油の温度変化の違いを図3.7に示した．図3.7は，350℃で炒めた例であり，サラダ油では，温度が急速に低下し，200℃以下で少し焦げ付き，温度がさらに低下している．その後，水を添加すると，サラダ油では離型性が悪いためにめんが焦げ付き，フライパンの温度測定ができなくなった．炒め専用油では，サラダ油と同様に急速に温度低下したが，サラダ油よりも低下が少ないのは，めんがフライパンに焦げ付かないためと考えられる．次に，水を添加すると温度低下するが，水の蒸発と共に温度上昇し，ソースの添加により再び温度低下するが，焦げ付かないために温度測定はできた．炒め専用油を使用すれば，フライパンには焦げ付かず，連続調理ができる．

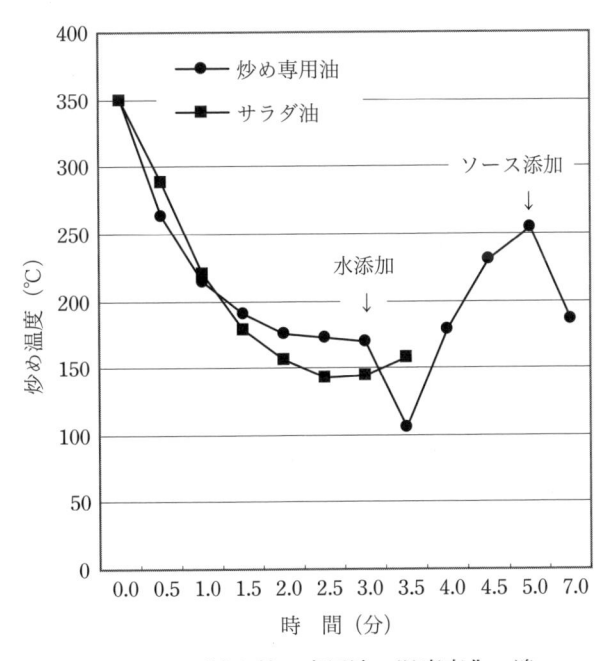

図3.7 サラダ油と炒め専用油の温度変化の違い

菰田[20]によれば，大豆レシチンが離型性を持っているので，炒め専用油も大豆レシチンが離型剤の役目を果たしていると考えられる．

また，炒め専用油とサラダ油の違いは，食感にも明らかに現れる．上記のように炒め専用油は焦げ付かないので，表面がよく炒まって，中は柔らかく美味しくなる．食感を測定するテクスチュロメーターの測定結果を図3.8に示した[11]．測定方法は，めんを一定の長さに切り，歯型のプランジで押しつぶし，そのエネルギーを測定する．エネルギー量が多いと硬くなることを意味する．その結果，200℃，250℃，350℃で炒め専用油を用いて焼いたそばは，約5.0kg/cm^{2}であり，サラダ油の250℃では約7.0kg/cm^{2}であった．この差は，炒め専用油では表面はよく炒まって中が柔らかいので全体として柔らかく，一方サラダ油では焦げ付いたために表面が荒れて，内部まで加熱された結果である．

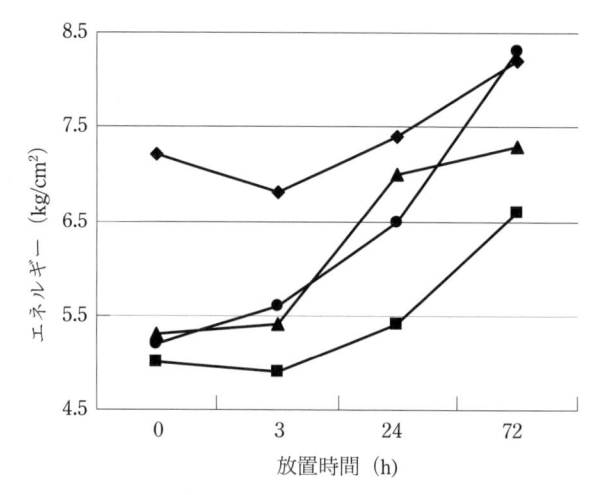

図3.8 各温度における食感の経時変化
◆ 250℃サラダ油　　▲ 250℃炒め専用油
■ 200℃炒め専用油　● 350℃炒め専用油

その後，10℃以下で保存すると炒め専用油で焼いたものは，小麦粉中のでん粉の老化や，めん全体の硬化により急速に硬くなった．温度の低い200℃では，250℃，350℃よりもこの傾向が緩やかで，温度の差が出た．

3.5.3 サラダ油と炒め専用油の使用量

サラダ油と炒め専用油の使用量と焦げ付き量を調べる目的で，中華蒸しめんにコーンサラダ油（以下コーン油と略す）は3％と5％を，炒め専用油では3％を中心に1～5％を添加して試験した．その結果を表3.7に示した．

試験方法は中華蒸しめん200gに既定量の油脂をまぶし，フライパンの表面温度が250℃になった時点で中華蒸しめんを投入し，よく撹拌し3分間加熱する．その後，水を

表 3.7 サラダ油と炒め専用油の使用量と調理特性

使用油	使用量(%)	調理性	離型性(%)(焦げ付き量)	風味試験			
				食感	喉越し	香り	総合
サラダ油	3	×	1.88	△	△	×	△
	5	△	0.78	△	△	×	△
炒め専用油	1	○	0.16	△	△	△	△
	2	○	0.14	○	○	○	○
	3	◎	0.05	◎	◎	◎	◎
	5	◎	0.00	◎	○	○	○

◎ 良好, ○ やや良好, △ 普通, × 不良.

15mL添加し2分間加熱し，ウスターソースを26mL添加し，2分間加熱する．調理性の評価は撹拌時の箸の抵抗，めんの表面の状態や炒め時の状態などで行った．炒めた後の焦げの量で離型性とし，食感，喉越し，香りなどの風味試験も行った．

コーン油の使用量3%では，めんがフライパンの表面に焦げ付き気味で箸にかかる力が強く感じられ，めんの表面は焦げたためにかなり荒れていた．水の添加後さらに焦げが激しくなり十分に撹拌できず，ソース添加後はめんがフライパンに焦げ付いた．焦げ付き量は約2%で多く，風味試験の食感でも水分を吸ってグチャグチャしており，シコシコしている状態ではなかった．焦げたためにめんの表面が荒れて，水やソースがめんに吸収され水分が多くなったと思われる．また，焦げ付くためにめんがフライパンに接触できず，めんが加熱されないので，よく炒まっていなくて風味も良くなかったと考えられる．コーン油の5%使用でも少し改良されているが同様の結果であった．3%でも5%でも業務用の作業では，製品ロスや洗浄の時間ロスが出ることが予想される．

炒め専用油1%では，油が少なすぎて風味試験の評価は良くないが，焦げ付き量はコーン油の1/5～1/10であった．大豆レシチンの離型性の効果が発揮されていると考えられる．炒め専用油2%では食感，喉越しなどの風味は改善されているが，その他は1%と大差がない．炒め専用油3%では，すべての評価が非常に良く，焦げ付き量も少なくほぼ0に近かった．焦げがないためにめんの表面が炒まっており，食感は外側は固く，内側はシコシコして非常に良かった．風味は非常に良く，油の使用量は適度で喉越しも良く，炒めた風味も出ていた．この使用量で連続運転して作業できると考えられる．炒め専用油5%では，調理性，離型性は良いが，風味試験で油が多いために評価を落とした．

3.5.4 炒め装置による炒め[2)]

大量炒め機による焼きそばの調理例を表3.8に示した．大量調理では作業効率を上げ，品質を高めるために準備が必要である．豚肉は離型性の良い炒め専用油をまぶし，めんも

表3.8 焼きそばの調理例

	製造工程	食品材料	備考
1	鍋を加熱する 230〜250℃ 4〜5分		発煙するまで加熱する (植物油の発煙点230℃以上)
2	引き油 投入 鍋を2〜3回回転	炒め専用油 400mL	
3	豚肉 投入	豚肉 1500g(炒め専用油を150g肉にまぶす)	軽く火が通る程度に加熱
4	ニンジン 投入	ニンジン 1800g	
5	中華蒸しめん 投入 4〜5分 炒める	めん 24000g(麺ほぐし油2%)	あらかじめ，めんはほぐしておく
6	野菜 投入	キャベツ 3000g タマネギ 900g ピーマン 600g	野菜は軽く炒める
7	味付け	ソース 3600g	火を止めて2〜3回に分けて全体にかける
8	取り出し		

J-オイルミルズ製クックマスターHEI-120型使用.

麺ほぐし油を使う．また，ニンジン，キャベツ，タマネギ，ピーマンは一定の大きさに切り，ニンジン以外はあまり炒めない方が良い．ソースは火を止めて焼きそばに均一に2〜3回に分けてかけることが望ましい．

3.5.5 中華蒸しめんの選択

　大量生産される焼きそば用の中華蒸しめんは，外観が良く，大量に扱われるのでほぐれやすく，めんがほぐれた時に切れないことが必要である．さらに炒め調理中にめんがダマにならないために水分含量は45〜55％が良い．また，炒めた後に，めんのシコシコした食感があるなど色々な条件が必要である．

　中華蒸しめんの製造条件を**表3.9**に示した[21]．中華蒸しめんに使われる小麦粉は，強力粉や準強力粉で，たん白含量10〜11％，灰分0.34〜0.38％である．品質改良剤として乳化油脂や粉末油脂が使われる．また，本来はかん水を入れ発色させるが，クチナシ色素やビタミンB_2を入れ鮮やかな山吹色にする．また，微生物対策として，有機酸などの静菌剤を入れることもある．

　中華蒸しめんには，各種の未加工や加工したでん粉が使われている．使用する目的は，腰の強いシコシコした弾力，粘りやツルミ（喉越しに近い意味）の付与，火通りやゆで上がり

表3.9 中華むしめんの製造条件

製造工程	製造条件	食品材料	備考
原料混合	水配合(30〜35％)	準強力粉 各種添加剤＊ 食塩 0.4〜0.6％ かん水 0.2〜1.0％ (小麦粉の重量の)	＊ 乳化油 0.8〜1.5％ ＊ 色素 0.1〜0.2％
練り込み	夏　　　 5〜6分 春・秋 　7〜8分 冬　　 10〜15分		気温と混合時間
エージング	ねかす		
延ばし	水分の均一化		6〜7回 原料成分・加水量と 水質, pHなど
切　断	丸刃20か22番 (業務用角刃18番)		
蒸　煮	100℃, 4分前後		
水冷却			
切　断			
袋詰め	ほぐし油　噴霧	麺ほぐし油	添加量 1〜2％
殺　菌	85℃, 45分		

を良くし調理時間の短縮への寄与, 小麦粉だけの場合に比べて, つやのあるみずみずしいめんにすることや透明感の付与, 冷蔵や冷凍時のめんのヘタリを防ぎ, 老化安定性を付与するなどである. でん粉の添加により小麦粉のたん白含量が相対的に減少するために, グルテンを補強したり, たん白含量の高い小麦粉を使用することが必要である.

　業務用の中華蒸しめんは, 殺菌されためんに油を噴霧し, 1〜10kgのプラスチックの包装袋に入れる. 殺菌は蒸気や加熱殺菌庫で85℃, 45分以上で行われる. 中華蒸しめんが焼きそば炒め機により大量に消費されるまでは, 油が噴霧されていない場合が多く, ほぐれが十分でなく, めんが切れることが多かった. 中華蒸しめんの大量の需要により, めん線切れのないほぐれの良い油が開発された.

3.6　離型油の上手な使い方

3.6.1　離型油の開発

　はねない油を試験した時に, 牛肉, 豚肉を焼いても肉が鉄板に焦げ付かなかった. また,

フライパンの洗浄も簡単にできるので大豆レシチンなどの配合油は便利であった．色々な焼き物をやっても現象は同じであった．焼肉をたれ類に漬けても同じように焦げ付かなかった．この油を食品用の他の用途に利用できないかと市場開拓した．

開発当時，離型油の市場規模はおおよそ10 000〜13 000トンで，最大の需要先は製パン分野である[22]．この分野は約6 600トンの需要があり，その消費比率は，発酵ボックス（ボックスオイル）：デバイダーオイル：型用ボックスの内塗り（天板油）で，2：3：5程度と言われている．

天板油を開発した昭和50年前半に，ある大手の製パン会社に持ち込み試験をした．現場試験で成功して，性能も良く価格も手頃であったが不採用となった．その当時は，離型油といえば，製パン用の離型油という認識しかなかった．

離型油は製パン以外に洋菓子用をはじめ和菓子，せんべい，めんのほぐし，水産練り製品や最近著しく伸びている業務用炒め油，冷凍食品，炊飯油などの用途に分類することができる．これらの市場規模は，残り約6 000〜7 000トン前後と思われる．

米菓業界では，モチ米やウルチ米を蒸して，杵（きね）で搗き，ワッパと称する餅を固めるためのプラスチック容器に入れて冷蔵庫に保管する．餅を取りやすくするため，この容器にサラダ油を塗布するが，容器に均一に塗布されないので離型効果がない．さらに油であるので洗っても残り，酸化するために酸化重合し洗浄も容易でない．この油の過酸化物価は約10〜1 000 meq/kgであった．酸化安定性の良い離型油を薦めたが，米菓の1工場当たり1か月の使用量が1斗缶で2〜3缶程度であり，工場の生産ロットではなかった．

次に人形焼の工場にも行き大変喜ばれたが半缶（1斗缶の半分，8kg）で半年分であった．さらに，雷おこしや熊谷の五家宝にも行き両方とも現場試験もしたが，使用量はどちらも少量であった．

3.6.2 厚焼き卵用離型油[23]

厚焼き卵と言えば，寿司店で出される寿司の種の一種であるが，いまでは自前で作るよりも，購入することが多いと思われる．

離型油の用途開発をして，やっとたどり着いた用途は，以下に説明する厚焼き卵，薄焼き卵用離型油である．大手の卵焼きメーカーに行きこの離型油を紹介した．当時使われていた油はサラダ油で，卵焼きに1時間，ラインのカス取りと洗浄に2〜3時間かかっていた．この離型油を使用すると，1日の仕事が午前中に終了して大変喜ばれた．厚焼き卵で使用条件やその他の応用例について述べる．

市販の厚焼き卵用フライパンや通常のフライパンを用いて試験したが，再現性や評価法など一定しなかった．そこで，卵焼き機の大手メーカーの品川工業所の協力で，機械の一

部のアルミ製のケースを譲り受け改良して試験した[24]．この容器は，幅 10.5cm×長さ 21.7cm で，焼き方は**図 3.9** に示すように交互に重ね合わせるように焼き上げて行く方法で行った．

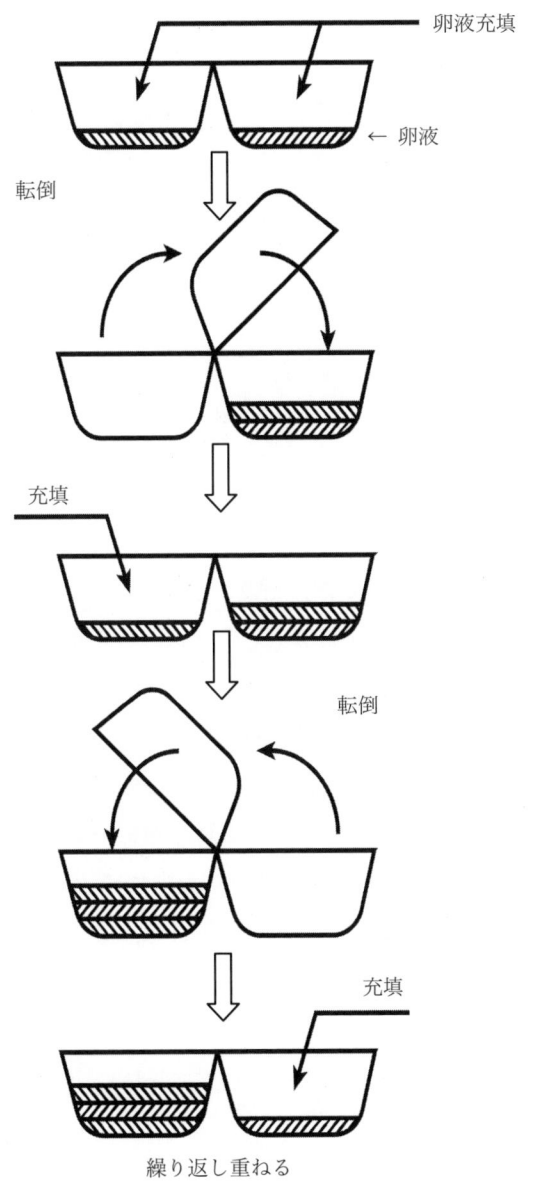

図 3.9　厚焼き卵の焼き方

厚焼き卵の離型性の要因と試験結果を**表 3.10** に示した[23]．試験方法は，表 3.10 に示した配合で全卵液を作り，80g のビーカーに取り，1 回分とした．駒込ピペットに離型油を取り，あらかじめ加熱したアルミケースにガーゼを巻いたガラス棒で均一に塗布した．温

表 3.10 厚焼き卵の離型性の要因と試験結果

要因	条件	結果	要因	条件	結果
油の使用量（全卵液に対する%）	1.3	○	全卵液のpH	6.8～6.9	◎
	2.0	◎		6.57	△
	2.5	○		6.3	×
	3.1	△		6.2	×
全卵液の温度（℃）	10	○	離型油のレシチン量	現行	○
	20	○		現行の2倍量	×
	30	○		現行の4倍量	×
アルミ板の温度（℃）	100	△	でん粉の種類	ワキシースターチ：無添加	△
	110	○		ワキシースターチ：2%添加	○
	120	○		ワキシースターチ：4%添加	○
	130	○		馬鈴薯でん粉：2%添加	○

全卵液の組成：全卵70％，砂糖4％，調味液0.1％，食品添加物2.1％，残部水

相対比較　良い　◎＞○＞△＞×　悪い（表中の記号）

度を測定して所定の温度になった時に，全卵液を入れて図のように焼き重ね合わせて6回この操作を行い，厚焼き卵1枚とした．評価方法は，アルミケースに付着した卵量を計り，相対比較で表現した．対照としてコーン油を試験したが，評価できないほどに付着したので，この表には離型油で行った結果だけを示した．

最初に，離型油の全卵液に対する使用量の試験を行い，使用油は約2％が良く，これよりも多くても少なくても良くなかった．約3％のように多い場合は，重ね合わせる時に卵同士が付かずに剥がれ，少なければ，アルミ板に付くためである．

全卵液の温度は，表3.10の温度変化では関係がないことが分かったが，業務用では，冷凍卵，冷凍卵白，冷蔵庫に保管した全卵を使用すれば，この結果も変動するものと思われる．作業初めのアルミ板の温度も影響することが考えられる．

今井ら[25]は，卵が古くなるとpHが上昇するが，pHを下げることにより硫化水素による黒変現象の防止ができると述べているので，食酢でpHを下げて試験した結果，わずかのpHの変化で離型性が悪くなった．

離型性の改善に，離型油のレシチン量を変えれば効果があるかどうか，レシチン量を2倍，4倍に変化させてみたが，もとの離型油が優れていた．焼いている時の観察では，レシチン量が多くなると，全卵液とアルミ板がピッタリと付いており，お互いによく馴染み過ぎて水蒸気の抜けが悪く，離型性がなくなった．

でん粉の添加は，プラスの効果に働くが，4％の添加では卵焼きが糊っぽくなり食感や風味が悪い．でん粉の種類では，馬鈴薯でん粉よりワキシーコーンスターチが良かった．

でん粉の添加効果は，焼き上がった時に，全体が少し固められるため角がシャープになることである．最近，砂糖の添加量を多くする傾向にあり，より離型性の良い油が求められている．

3.6.3 たこ焼き用離型油[23]

たこ焼きの離型性を試験した．試験方法は，たこ焼粉（日本製粉製）を使用した．作り方は，

a. たこ焼粉1袋（300g）に卵2個と水900mLを入れて，ボールでダマにならないようによくかき混ぜて生地を作った．

b. たこ焼き器（エイシン電気製，電気たこ焼き器PT-100つり鐘式2連，56個）の焼き板をよく熱して，離型油は左側2列，コーン油は右側2列を使用した．生地を流し込み少し焼き込んで，ある程度生地が硬くなった時点で，タコを入れネギをまぶした．

c. 少し焼いた時点で，竹串を刺して焼き具合を見て焼き板を返し，たこ焼きを天板に移した．

その結果を**図3.10**に示した．離型油を付けて焼いたたこ焼き（左側2列）は，すべて剥がれ，コーン油の右側2列は，剥がれずそのままであった．

図3.10 離型油（左）とコーン油（右）の剥離状態の比較

3.6.4 おにぎり用離型油―炊飯油[26]

昭和50年代後半に，コンビニのベンダーによく出入りしていたが，その時に，弁当のための大量炊飯のかたわらでおにぎりを生産していた．その時は，サラダ油を使っていたが，当時は炊飯器にご飯が付くので，それを掻き出すのに1人付いていた．離型油の要

望があったが関東圏での使用量は10缶/月程度で，工場の生産ロットではなかった．平成になり再度要望があり，生産現場に合わせてガス炊飯器で試験した．

以前試験した電気炊飯器は，火力が弱いために水と油の分散が悪く，試験した油の間に差が出なかった．ガス炊飯器に替えることにより，分散する油の試料と分散しない油の試料に分かれ，必要な情報が得られて炊飯油とするための植物油と乳化剤の組み合わせが分かった．

実験室の試験を終え，おにぎり用離型油を他の離型油と区別するために炊飯油とし，現場試験を計画した．油に色素を添加した炊飯油とコーン油で試験を行ったところ，立会者の全員が，炊飯油の分散を認めた．この試験の米飯の油分を図3.11に示したが，炊飯油では0.13〜0.75%，コーン油では0.06〜2.7%で，炊飯油の分散性がコーン油より良かった．炊飯前に炊飯油は水面に分散するが，コーン油は分散せず1箇所にかたまった．また，炊飯中では炊飯油は米飯中に乳化し分散するが，コーン油は大きな油の粒子で乳化分散が弱く，両油の分散性の相違は，この混ざりが違うことに起因すると考えられる．

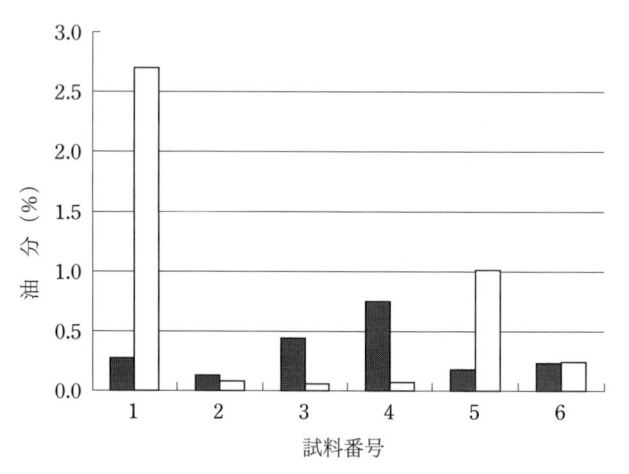

図 3.11 炊飯油とコーン油を添加した米飯の油分分散状況
■ 炊飯油　□ コーン油

水分含量は，油分含量ほど差がなく，炊飯油添加がコーン油添加よりも水分含量が少なかったが，その理由は不明であった．

さらに，官能的な試験を行ったが，無添加と炊飯油1%添加は差がなく，無添加，炊飯油1%添加と炊飯油2%，3%の比較では，危険率5%以内で有意に炊飯油2%，3%は評価が低かった．この結果より，炊飯油は1%以下の添加が望ましいことが分かった．

その後，米飯を放置すると硬くなるので，老化か硬化かの判断はできないが，テクスチャーの経時変化を測定した．その結果を表3.11に示した．炊飯油添加の15分後 A_1 の

3.6 離型油の上手な使い方

表 3.11 室温における炊飯油添加によるテクスチャーの経時変化

	放置時間	A_1	A_2	A_2/A_1	A_3
炊飯油1%添加	15 分	5.07	2.10	0.41	0.10
	1 時間	5.12	2.04	0.40	0.92
	2 時間	6.09	2.68	0.44	0.93
	3 時間	6.54	2.74	0.42	0.66
	4 時間	6.66	2.84	0.43	0.64
炊飯油無添加	15 分	6.66	2.89	0.43	1.12
(対照)	1 時間	7.71	3.60	0.47	0.82
	2 時間	8.02	3.71	0.46	0.87
	3 時間	9.41	4.44	0.47	0.66
	4 時間	12.15	5.39	0.44	0.33

A_1：1 回目の咀嚼によるエネルギーの積分値.
A_2：2 回目の咀嚼によるエネルギーの積分値.
A_2/A_1：凝集性（食品の形態を構成する内部的結合に必要な力）
A_3：付着力（食品の表面と他の物質の表面が付着している状態を引き離すに要する力）

面積積分値は 5.07 で，炊飯油無添加の 6.66 に比べて約 25％小さいので咀嚼によるエネルギーが小さい．すなわち，炊飯油添加の方が柔らかいと言える．また，4 時間経過後，炊飯油添加 A_1 の面積積分値は 6.66 であり，変化率 (6.66÷5.07) が約 1.3 倍であった．

一方，炊飯油無添加では，15 分後 A_1 の面積積分値は 6.66 で，それ以降，放置時間の経過とともに大きくなり 4 時間後には 12.15 を示し，変化率 (12.15÷6.66) も約 1.8 倍であった．これらの結果より，炊飯油を添加すれば，米飯は無添加に比べて柔らかく，時間が経過しても硬くならないことが分かった．2 回目の咀嚼 A_2 の面積積分値は，炊飯油添加，無添加も A_1 と同じ傾向を示した．

これらの試験より，おにぎり用米飯に炊飯油を使うと釜離れが良く，油も均一に分散して官能的にも良好であった．さらに米飯の硬化も防ぐことが分かった．また，おにぎり整形時に，整形機に付着しないので歩留まり向上をもたらした．

多くのベンダーに炊飯油は採用され，平成のおにぎりブームになったと思われる．

3.6.5　中華蒸しめん用離型油—麺ほぐし油[27]

焼きそば用炒め油や炒め機の開発時に，麺ほぐし油のニーズがあった．焼きそばに使われる中華蒸しめんの製造工程の概略は，表 3.9 に示したとおりである．

めんを冷水で冷却した後，袋の中に投入する時にサラダ油を添加していた．製造工程中の殺菌時や流通でのめんの積み重ねで，めん同士が付着して団子状になる．そのために焼く前のほぐしに手間が掛かることやめんが切れることで，焼きそばの商品価値が著しく低下する．これを防ぐために，サラダ油の代わりにめんに塗布し，めんをほぐす油が必要で

あった．既製の離型油を用いたが，めんが白濁するために麺ほぐし油の開発を目的に，表面水分と離型油の関係を調べた．

中華蒸しめんの調製は小麦粉（日清製粉製）400gに，かん水（炭酸ナトリウム7：炭酸カリウム3）2gを水150gに溶解させたものを加え，家庭用製麺機（東芝製）でよく混合し中華めんを作り，蒸し器に入れて7分間蒸した．さらに約80℃くらいの熱水に2分間漬けた後，冷水で冷やして試料とした．

この中華蒸しめん100gを取り，水5gを散布し均一に分散させた．その後，試料10～17gを採取し，所定の時間後に表面の水分を，ろ紙で吸い取り，その重量を試料に対する表面水分量（%）とした．

白濁試験方法は，この中華蒸しめん150gをポリ袋に取り，異なる乳化剤量の麺ほぐし油を作り，中華蒸しめんに対し約2%添加して密封した．その後，滅菌の目的でオートクレーブの中で85℃，45分蒸気殺菌した．さらに5℃で24時間放置後，目で観察して白濁度を判定した．

中華蒸しめんの表面水分量（%）と放置時間の経時変化を図3.12に示した[27]．スタート直後の表面水分量3%（A）の場合，10分後には1%以下に低下し，さらに60分後には0.2%まで低下した．白濁試験の結果では，スタート直後と10分後で白濁したが，30分後と1時間後で白濁しなかった．

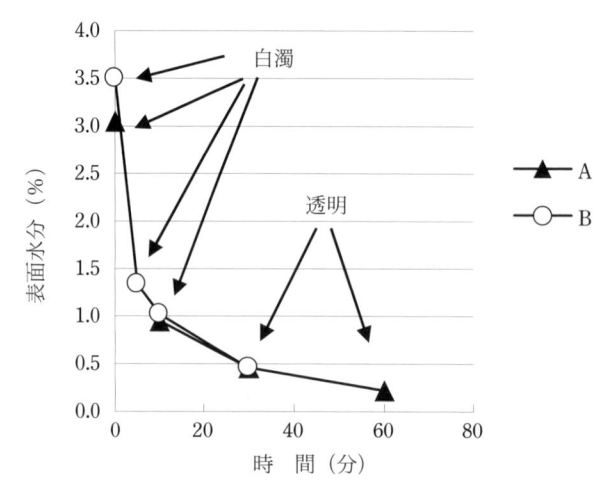

図3.12 表面水分と放置時間の経時変化

スタート直後の表面水分量3.5%（B）の場合では，5分後に1.3%，10分後に1%に低下して白濁したが，30分後では表面水分量が0.5%となり白濁しなかった．いずれも30分以上放置すれば白濁しないことが分かった．

製めんは連続して作業をするため，中華蒸しめんを長く放置することは不可能であり，

3.6 離型油の上手な使い方

麺ほぐし油の乳化剤使用量の違いによって白濁防止が可能か否か試験した.

麺ほぐし油が開発されるまでの離型油は，乳化剤量が3%以上であった．そこで油中の乳化剤量と白濁度の定性試験を行った．中華蒸しめんに油を2%添加した時の結果では，油中の乳化剤量が，0%および0.5%の添加では白濁せず，1%ではやや白濁し，1.5%以上の添加で白濁した．この結果より白濁しない乳化剤量は0.5%であった．

さばき性の試験方法は，この中華蒸しめん約150gをポリ袋に入れて，麺ほぐし油およびコーン油をめんに対して1%および2%添加して袋内で振り混ぜて，めんの表面に塗布した後，バキュームシーラーで密封包装した．試料を5℃で保存して，さばき性の経日変化を測定する．さばき性とは，油の剥離性によりめんの1本1本が離れやすくなり，全体としてほぐしやすくなる状態を言う．

さばき性は，150mm径で2.4L容の円筒形ポリ容器を回転させることにより，容器の内側に取り付けたクシの歯がめんを45〜50回転/分でほぐし，15回転後のほぐしの状態を観察した．麺ほぐし油を用いた中華蒸しめんのさばき性の試験結果を**表3.12**に示した．この結果より，麺ほぐし油の添加は2%必要であった．

表3.12 中華蒸しめんの油添加，無添加のさばき性と経時変化

	貯蔵日数			
	1日	2日	3日	4日
無添加	×	×	×	×
調合サラダ油1%	▲	×	×	▲
調合サラダ油2%	○	△	▲	▲
麺ほぐし油1%	○	○	△	×
麺ほぐし油2%	◎	◎	○	○

◎ 非常に良くさばける，○ よくさばける，△ さばける，▲ ややさばける，× さばきが悪い．

次に酸化安定性試験を行ったが，試料の調製は，菜種油に大豆レシチンとプロピレングリコール脂肪酸エステルとソルビタン脂肪酸エステルを添加したものを麺ほぐし油とし，使用油をハイオレイック菜種油にしたものをLL，ハイオレイック菜種油の水素添加油を用いたものをXLとした[28),29)]．試験は基準油脂分析試験法のCDM試験[30)]で行った．CDM試験（通称ランシマット法）は，酸化による揮発性分解物を水中で捕集して，水の伝導率が急激に変化する変曲点までの時間で測定する方法である．また，中華蒸しめんに麺ほぐし油を振り掛けて常温（25℃）で保存安定性試験をした．過酸化物価は，基準油脂分析試験法により測定した[31)]．

菜種油と各種麺ほぐし油の酸化安定性のCDM試験結果を**図3.13**に示した．菜種油を

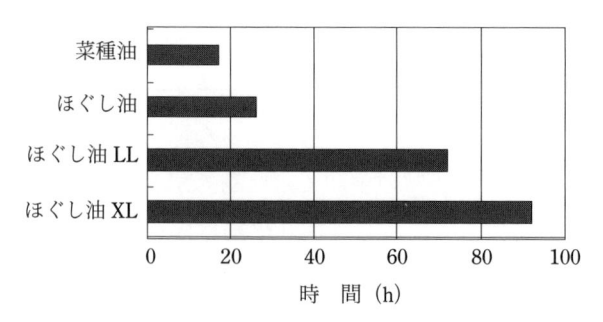

図 3.13　各種麺ほぐし油の CDM 値

使用すると CDM 値は約 18 時間で，この油に大豆レシチンを含む乳化剤を添加した麺ほぐし油は，CDM 値は約 26 時間で酸化安定性が増した．さらに使用油を菜種油からハイオレイック菜種油に替えた LL は約 70 時間になり，使用油を水素添加油の XL に替えれば約 90 時間と酸化安定性が良くなった．

これらの油を中華蒸しめんに塗布して，過酸化物価（PV）の試験をした結果を図 3.14 に示した．3 か月の保存性を示す過酸化物価は，菜種油，麺ほぐし油，麺ほぐし油 LL，麺ほぐし油 XL でそれぞれ，約 100meq/kg，60meq/kg，20meq/kg，10meq/kg であった．すなわち，麺ほぐし油 XL は一番酸化安定性が良く，次いで麺ほぐし油 LL，麺ほぐし油の順に酸化安定性が良かった．

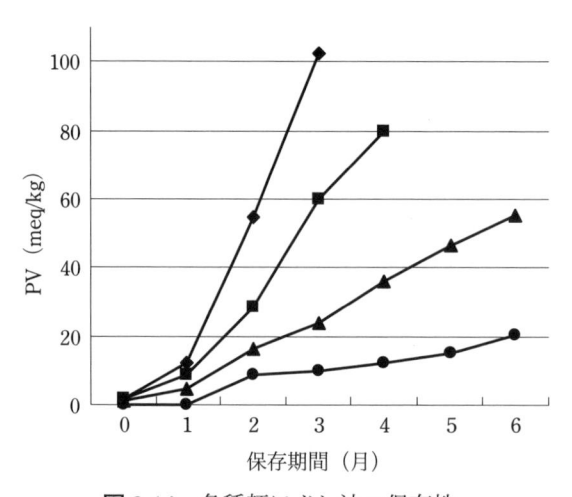

図 3.14　各種麺ほぐし油の保存性
◆ 菜種油（対照）　■ ほぐし油
▲ ほぐし油 LL　● ほぐし油 XL

麺ほぐし油は中華蒸しめんの生産に使われ，焼きそば製造にはなくてはならない離型油になった．

炒め油について炒め専用油と炒め機の実例を述べたが，チャーハン，肉野菜炒めなどの調理例もある．また，離型油について，実例を挙げて具体的に説明したが，食品業界には色々な場面でまだまだ離型油が必要と思われる．油の使われる食品の生産現場で，違った角度で考えるヒントになれば幸いである．

引用文献

1) 鈴木修武：炒め油の上手な使い方，フードリサーチ，8月号，p.56 (1999)
2) 鈴木修武：炒め機の上手な使い方，フードリサーチ，9月号，p.44 (1999)
3) 山崎清子，島田キミエ：新版 調理と理論，p.190，同文書院 (2003)
4) 杉田浩一：調理科学辞典，p.40，医歯薬出版 (1975)
5) 太田静行：炒め物について，*New Food Industry*，Vol.25，No.3，p.49 (1983)
6) 太田静行：食用油脂，p.60，学建書院 (1975)
7) 太田静行 油脂食品の劣化とその防止，p.304，幸書房 (1977)
8) 桜井芳人：総合食品事典，p.532，同文書院 (2000)
9) 山崎妙子：炒めものにおける油脂の変質について，家政学雑誌，Vol.29，No.8，p.12 (1978)
10) 山崎妙子：炒めものにおける油脂の変質について，広島女子大学家政学部紀要，Vol.17，p.47 (1982)
11) 鈴木修武：未発表資料．
12) 山崎妙子：炒めものにおける油脂の変質について，広島女子大学家政学部紀要，Vol.20，p.79 (1982)
13) 菰田 衛：レシチン―その基礎と応用，p.28，幸書房 (1991)
14) 太田静行：炒め物について，*New Food Industry*，Vol.25，No.3，p.51 (1983)
15) 安川拓次，相上紘二：調理における油脂の低減化，食品加工技術，Vol.11，No.1，p.3 (1991)
16) 桜井芳人：総合食品事典，p.673，同文書院 (2000)
17) 三浦 靖：加工共通技術，食品加工総覧，p.193，農山漁村文化協会 (2002)
18) 品川工業所，カジワラ，中井機械工業，エム・アイ・ケー，ニチワ電器，フジマック，三栄など：カタログおよびホームページ．
19) 鈴木修武：食品技術の革新に挑む，p.113，幸書房 (2006)
20) 菰田 衛：レシチン―その基礎と応用，p.115，p.120，幸書房 (1991)
21) J-オイルミルズ：技術資料．
22) 編集部：特集 油脂関連の話題商品―離型油，油脂，Vol.46，No.1，p.30 (1993)
23) 鈴木修武：大豆レシチンを用いた用途別植物油の開発（第1報），厚焼き卵用離型油，日本食品保蔵科学会誌，Vol.31，No.4，p.173 (2005)
24) 品川士郎：新しい食品加工技術と装置―その開発と進歩，p.92，産業調査会事典出版センター (1991)
25) 今井忠平：鶏卵の知識，p.190，p.235，食品化学新聞社 (1983)
26) 鈴木修武：大豆レシチンを用いた用途別植物油の開発（第3報），米飯用離型油（炊飯油），日本食品保蔵科学会誌，Vol.31，No.4，p.183 (2005)
27) 鈴木修武：大豆レシチンを用いた用途別植物油の開発（第2報），中華むしめん用離型油（麺ほぐし油），日本食品保蔵科学会誌，Vol.31，No.4，p.177 (2005)

28) 鈴木修武, 山口隆司, 竹内茂雄, 野本健史, 深井美奈子：特開平 11-221033.
29) 鈴木修武, 山口隆司, 小西　聡, 竹内茂雄：特開 2001-352926.
30) 日本油化学会：基準油脂分析試験法（2003）　2.5.1.2-1996 CDM 試験.
31) 日本油化学会：基準油脂分析試験法（2003）　2.5.1.2-2003C 過酸化物価（酢酸-イソオクタン法）

4. 香味油，オリーブ油，ごま油の上手な使い方

4.1 はじめに

　調理食品は著しく伸びて新規参入も多く，調理食品の種類が増え，多様化と高級化をしてきている．そのために競争も激化し，メニューの多様化と上質化が求められる．

　一方，作業の簡素化を図る目的で冷凍品やカット野菜などの大量生産された食材を使い，炒め，焼き，ゆでを組み合わせることをせずに簡略化を図ると，どうしてもメニューが画一化されやすい．

　香味油は，調理食品にアクセントを付けてうま味を底上げする．例えば，前処理で野菜などを素揚げした炒め物に香味油を加えることで炒め感や本物感を出すこともできる．また，色々な香味油を用いることで風味に変化をつけることも可能になった．

4.2 美味しい調理食品を作るために[1),2)]

　風味を持つ油としてごま油，オリーブ油，ラー油などと言った馴染み深い油がある．スーパーの店頭では「ガーリックオイル」，「バジルオイル」などの風味を持った油が並んでいる．麺業界では，風味を持つ油を大量に使い，即席めんの別添として利用することが多かった．

　スナック業界[3)]では，野菜，スパイス，畜肉，魚介類などの食品素材から，加熱操作などの処理をして動植物性油脂に調理香を移行させ，さらに呈味を合わせ持った「シーズニングオイル」もある．

　食文化の歴史も長い中国では，真新しい油にネギやショウガなどの調理で使わない部分を入れて焦がさないように加熱し，油の「かど」をとった「熟油」とよばれるものを利用している．このほかにも，辣油（ラー油），葱油（ねぎ油），蝦油（エビ油），鶏油，花椒油（サンショウの実オイル）といった香味油を多用している．

　また，日本人の舌に急速に馴染んできたイタリア料理では，料理の始めにたっぷりのオリーブ油に，ニンニクあるいはトウガラシを加え，徐々に加熱して，それらの香りを油に

移してから本格的な作業に入るといった場面が多い．

コンビニエンス・ストアや弁当・惣菜業の弁当，外食産業の持ち帰り弁当などの中食産業の発展とともに調理食品が街に溢れるようになった．

また，冷凍食品業界[4]では，家庭で加熱するだけで手軽に出来るチャーハンやピラフなどの調理食品が増えており，このような手軽で美味しい調理食品にアクセントをつける香味油が欠かすことができない油になった．これらについて詳しく解説したい．

4.2.1 香味油，オリーブ油，ごま油の特徴と効果

香味油は，シーズニングオイル，または風味油，調味油とも呼ばれるが，これらはどれも同様の意味で使われている．日本農林規格（JAS）にも，「香味食用油」という区分があるが，JASの定義[5]によると，「食用植物油脂に香味原料（香辛料，香料又は調味料）等を加えたもので，調理の際に当該香味原料の香味を付与するもの」となる．また，ここでは，オリーブ油やごま油も香味油として取り扱うが，区別するためにオリーブ油とごま油については分けて説明する．

香味油は，表4.1に示すように，油に直接香味のある素材を入れ，加熱しながら香味を移したもの(a)，この油に香料や香辛料などを添加し，溶かしたもの(b)，油に香料や香辛料などを添加したもの(c)がある．また，ごま油のように種子を焙煎した後に風味のある油を抽出したものや，オリーブ油のように果肉の持っている香りや味を損ねることなく抽出したもの(d)もある．

表4.1 香味油の原料別分類

	原材料	説明
a	油＋天然原料	ネギ，ニンニクなどの香味野菜を油に入れて加熱し，その香りや味を抽出したもの
b	油＋天然原料＋香料など	aに香料や香辛料を添加したもの
c	油＋香料など	ベースとなる油に香料や香辛料を添加したもの
d	圧搾系油	原料の風味を生かしたもの

また，一般的には，ベースとなる油脂には，植物油では菜種油，大豆油，コーン油，米油，動物脂ではラード，ヘット，鶏脂が使われること多いが，これらも風味に関して香味原料との相性がある．また，加熱する場合も多いので，酸化安定性に優れた油脂を使っている場合が多い．素材と油の組み合わせの他に，製造条件によって風味に変化をもたせられる．

オリーブ油は，フルーツを思わせる香り，オリーブ果実のような味わい，ピリッとくる

喉越しといった独特の味があり，ワインと同様に専門家により色，香り，味などで鑑定されるテイスティングが重要視されている．また，品質管理基準も別にある．特徴となる色，香り，風味は，オリーブの品種や産地，収穫年の天候，栽培方法，採油法が関与している．

例えば，イタリアでは，産地は大きく分けて，北部（リグーリア），中部（トスカーナ地方，ウンブリア），南部（プーリア）になるが，一般に北に行くほどライトになり，まろやか，フルーティで，透明感があり，また，南の方は重量感のあるタイプが多く，強い芳香とグリーンが強いのが特徴となっている．また，スペインでは，オリーブ油はほぼ75％がアンダルシア地方で生産されているが，イタリア産と比べて，繊細でフルーティ，柑橘系の香りが多くなっている．

ごま油は，特有の芳香を持つが，それはゴマの焙煎によって生まれてくる．香りや色は焙煎条件によって異なる．

竹井ら[6]は，煎り温度を変えて製造されたごま油について，色々な調査をしている．伝統的な製法で開放型煎り釜を使い，160〜180℃の温度で焙煎し玉絞め圧搾法で搾油すると，香りはマイルドになり色もかなり薄かったと述べている．

ごまサラダ油は焙煎しないで搾油するためにゴマの香りがなく，無色透明であり，業界では太白油と呼ばれている．他の植物油に比べて酸化安定性があり，高級老舗の天ぷら屋，高級レストラン，料亭で使われる．

これらの油は，以下のような効果を期待できる．

① ベースの味の確保

小規模なチェーン店舗や中小の食品工場の調理の現場では，香味油は少量が未熟な調理人によって作られるので品質にバラツキが多く，一定レベルの味にならない．それに対し，工業的に大量に生産されるものは均一で，本格的な風味を作ることができる．一方，大量調理される食品は本格的な風味が出せない．例えば，焼きそばでは大量調理することにより炒め感がなく，ロースト感が不足しがちである．このような場合，香味油を添加することによりベースの味を確保できる．

オリーブ油は，イタリア料理の隠し味的な存在であり，ごま油は，中華料理にはなくてはならない油である．

② マスキング効果

香味油，オリーブ油，ごま油を使用すると，食品素材，特に水産物系のいやな臭いがなくなるといった効果がある．

③ 風味の改善，食欲増進

香味油は，加工食品に人工的ではない自然の風味をプラスし，明確には言えないが何か美味しいと感じるといった隠し味的な効果が認められている．ラー油は，ごま油をベース

にトウガラシの辛味を油に移した調味料で，ごま油の風味と辛味で食欲を増進させる．

④ 素材の代替え

バター，エビ，醤油，卵などの香味油は，それぞれ食品素材の代わりや風味をより強調する時に使われる．

4.2.2 香味油の製造法

香味油の製造は，80〜120℃に加熱した油に，野菜原料などの素材を投入し，揚げ物をするような形で行われる．香味油の代表的な製造工程を図4.1に示した[7,8]．加熱段階で，120〜130℃近くの油温で加熱し続けていれば，素材の水分がひっきりなしに油の中を泡となって蒸発し，素材は「蒸す」状態となる．この泡と油の接触時に素材の風味が油に移っていると考えられる．さらに，素材の水分がなくなった時点から素材が「焼く」状態となり，ロースト臭が出始める．

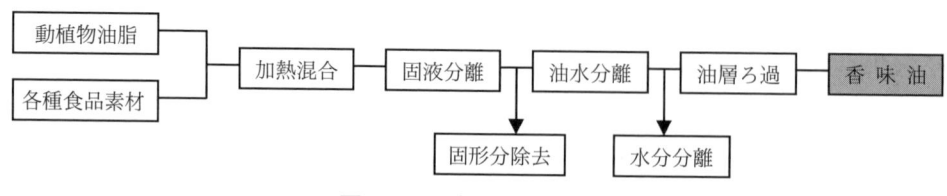

図4.1 香味油の製造工程

加熱条件として，どのような温度帯でどのくらいの時間加熱し続けるかによって，風味の強弱，フレッシュ感，あるいはロースト感の付与が調整されている．

オリーブ油の製造は，その果実の持つ味と香りが生かされた油であることが一般のサラダ油と大きく異なるところである．オリーブ油の製造工程を図4.2に示した[9]．

オリーブの実から油を搾るには，まず実を洗い，石臼のようなもので摩擦熱が出ないようにゆっくりと砕き（コールドプレス），オリーブペースト（油と果汁）にする．オリーブの実には油分が10〜30%含まれており，このペーストは油分と水分が混ざり合った状態である．この油分と水分を分けるために，圧搾して絞り出すか，または，遠心分離機で油分と水分とを比重の差で分離させる．この油層部分をろ過したものが「バージンオリーブ油」となる．この化学的処理を一切施さない製法は6000年の昔から続いており，伝統的な手法となっている．この「バージンオリーブ油」は，搾ったままのものであるために，さまざまな微量成分が含まれ，油の色が緑〜黄金色と濃い色をしている．また，ややうすい黄色の「ピュアオリーブ油」（単にオリーブ油とも呼ばれる）があるが，これは，「バージンオリーブ油」と，精製工程を経た「精製オリーブ油」をブレンドしたもので，風味がマイルドになるように調整されている．

4.2 美味しい調理食品を作るために

```
オリーブの果実
   │     (洗浄，小枝・葉などの除去)
   │     (粉砕)
   ↓     (撹拌)
オリーブペースト（油と果汁）
   │
 ①遠心分離  ②圧搾           二番絞り
         ↓               圧搾カス
  (遠心分離) (静置)→水分(果汁)   │溶剤抽出→カス
         ↓                  ↓
         油                 油
   │(ろ過)
   │(静置)
   ↓
 バージンオイル
   │(酸度の測定)
   │(分類)
   ↓
```

酸価2.0以下	酸価3.0以下	酸価6.6以下	酸価6.6以上
エキストラバージンオイル	ファインバージンオイル	セミファインバージンオイル	バージンオイルランパンテ

精製＝脱酸・脱色・脱臭

精製オリーブオイル

酸価1.0以下

ピュアオリーブオイル

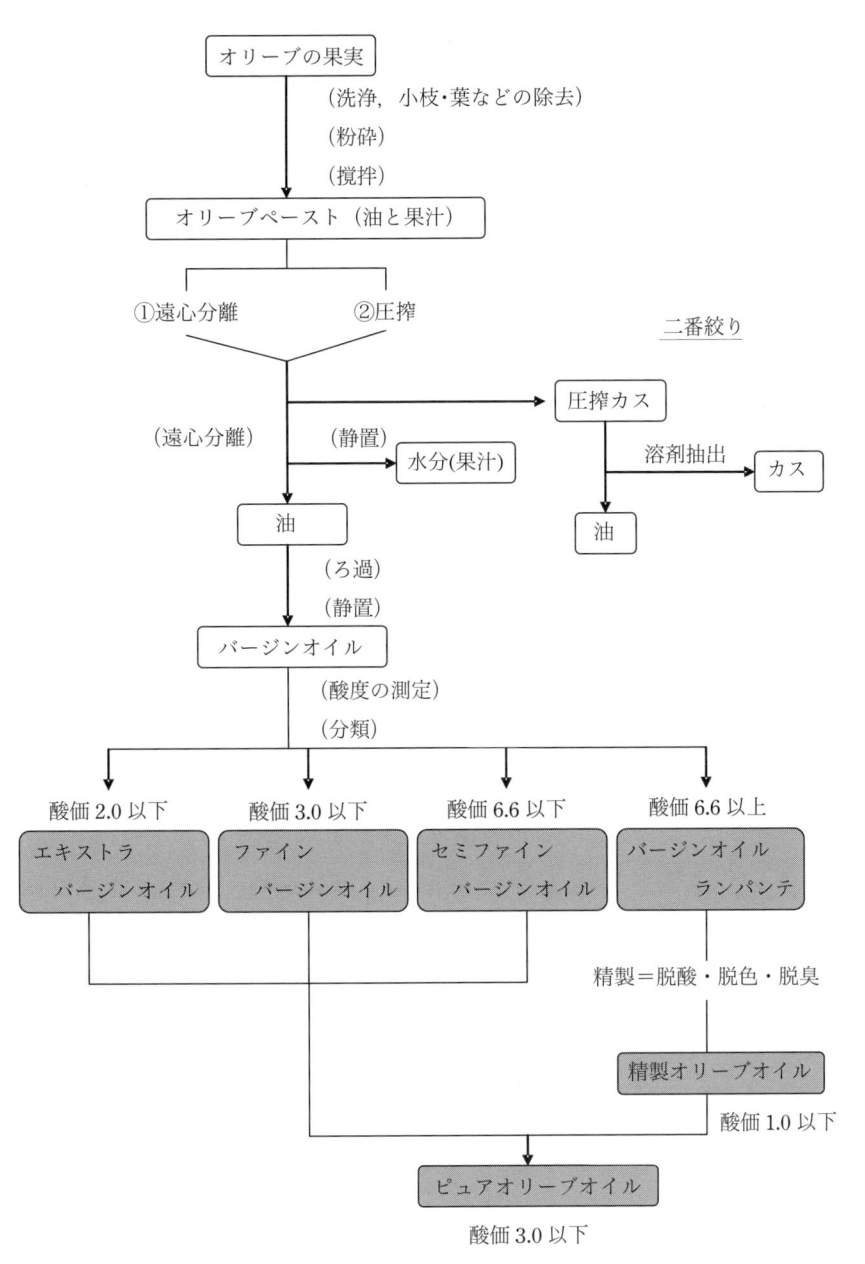

酸価3.0以下

図4.2 オリーブ油の製造工程図（文献9）に加筆）

これらの品質は，国際オリーブオイル協会の品質規格制度で，酸度（遊離脂肪酸）の量や風味によって細かく規定されている．

ごま油の製造工程を**図4.3**に示した[10]．図に示すように性質の異なる2種類の油があり，1つはゴマを200℃近くで焙煎して搾油し，ろ過しただけの茶褐色で特有の香りを持った焙煎ごま油で，他の1つは焙煎しないで搾油し精製した，ほとんど無色の香りも弱い，生搾り油またはごまサラダ油である．

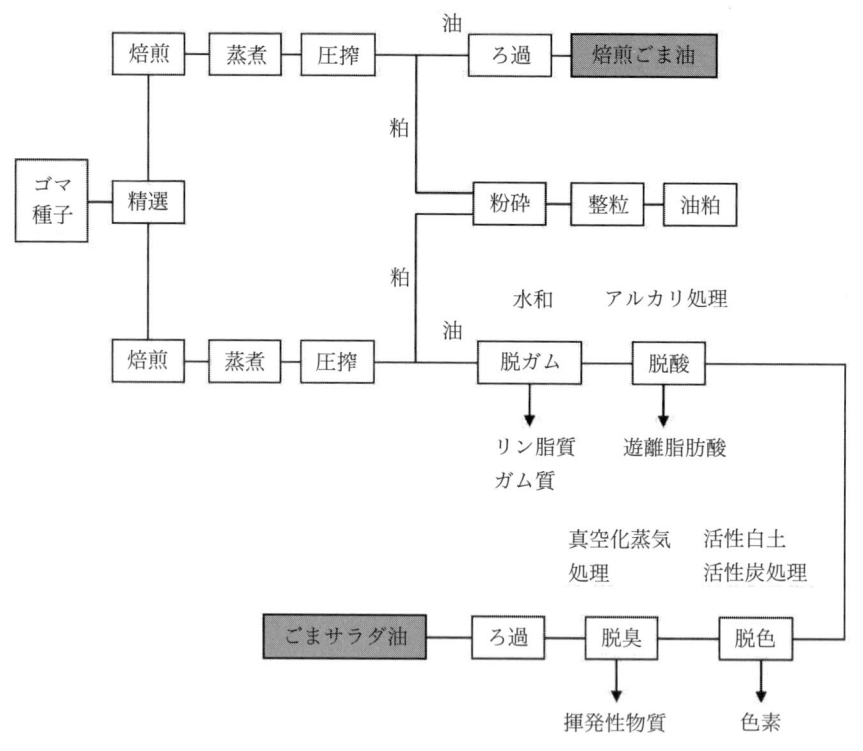

図 4.3　ごま油の製造工程図

4.2.3　香味油の種類[2]

　香味油の種類は，香味原料とベースとなる油脂との組み合わせで無限に作ることができる．香味油の原料の例を**表 4.2**に示した[2),4),7),8)]．

表 4.2　香味油の原料例

分　　類	原　料　例
畜肉系	ポーク，チキン，ビーフ，バター，卵など
魚介系	エビ，ホタテ，カニ，イカ，かつお節，煮干など
野菜系	ニンニク，ネギ，ショウガ，タマネギ，ハクサイ，モヤシなど
ハーブ・スパイス系	バジル，ローズマリー，トウガラシ，ブラックペッパーなど
調味料	醤油，味噌，砂糖，酵母エキス，HVPなど
油脂原料	オリーブ，ゴマ，落花生，クルミ，ヒマワリなど

　原料は色々なことが考えられるが，市場のニーズと製造の難易により商品化されるかどうかが決まる．色々な商品が過去に開発されたが，時代のニーズや市場の規模により激し

く移り変わるのが現状である．香味油の種類を**表 4.3**に示した[2),8),11)]．

オリーブ油の種類は，オリーブの品種や産地，収穫年の天候，栽培方法，採油法により違いがあり，国内に流通しているオリーブ油も数えられないくらいにある．

ごま油の種類の概念図を**図 4.4**に示した[12)]．焙煎ごま油は，煎りが浅いと淡口(うすくち)になり油

表 4.3 香味油の種類

分　類	種　類
畜肉系	バター風味油，たまご風味油，鶏油など
魚介系	エビ油，ホタテシーズニングオイルなど
野菜系	ガーリックオイル，ねぎ油，ショウガオイル，オニオンオイル，ローストキャベツオイル，野菜香味油など
ハーブ・スパイス系	バジルオイル，トウガラシオイル，ブラックペッパーオイル，花椒油など
調味料	こがし醤油オイルなど
調理別	和風オイル，中華風オイル，洋風オイル
油脂原料	オリーブ油，ごま油，落花生油，くるみ油など

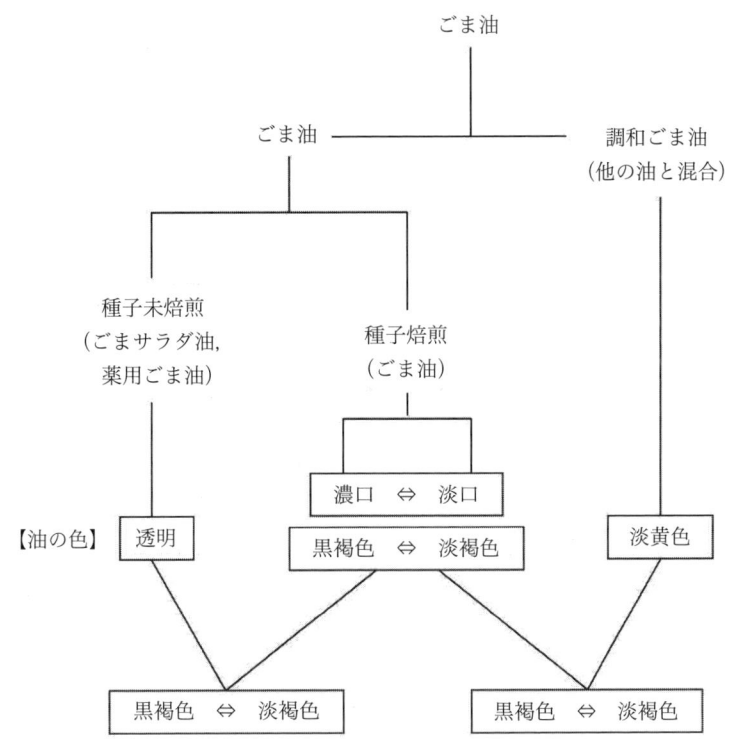

ごま油
├── ごま油
│   ├── 種子未焙煎（ごまサラダ油，薬用ごま油）
│   └── 種子焙煎（ごま油）
│   └── 濃口 ⇔ 淡口
└── 調和ごま油（他の油と混合）

【油の色】
- 透明：黒褐色 ⇔ 淡褐色
- 黒褐色 ⇔ 淡褐色
- 淡黄色：黒褐色 ⇔ 淡褐色

図 4.4 ごま油の種類の概念図

の色は淡褐色で，煎りが深いと濃口(こいくち)になり油の色は黒褐色になる．これらのごま油は単独でも使われるが，他の淡黄色の植物油と混合されると色々な製品が出来る．

日本農林規格[5]では，ごま油などの品質表示基準を決めており，概略を示すと，純粋な油で他の油が混合されていない「純正ごま油」，ごま油の含有量が60％以上の「調合ごま油」，ごま油の含有量が30％以上60％未満の「ごま入り」の表示が許可されている．

4.2.4 香味油の用途

香味油は，冷凍食品，たれ・ソース，畜肉加工，水産練り込み，スープ，惣菜，スナック菓子などに幅広く利用されている．使用例を表4.4に示した[2),4),7),8),11]．なかでも惣菜において最も汎用性のあるねぎ油や他の香味油の使用例について以下に述べる．

表4.4 香味油の使用例

分類	使用例
和風料理	オムレツ，焼きそば，卵焼き，チャーハン
洋風料理	パスタ料理(カルボナーラ，ペペロンチーノ)，ピラフ，グラタン，肉料理
中華料理	炒め料理，餃子，チャーハン，シュウマイ
調理食品および冷凍食品	ピラフ，グラタン，カレーライス，牛丼，ガーリックライス，ハンバーグ，コロッケ
たれ・スープ類	レトルトソース，スープ，たれ類
畜肉・魚肉類	ソーセージ，ハンバーグ，水産練り製品
調味料	ドレッシング，ラーメン別添油
菓子	スナック菓子，ポップコーン

1) ねぎ油をチャーハンに[2]

料理店では，チャーハンの作り方として，まず最初に，熱した油でみじん切りしたショウガ，ネギ，あるいはニンニクを香りよく炒めている．しかし，大量調理でこうした工程が省かれる場合でも，仕上げにねぎ油を添加し，よくからめると自然なネギの風味がのり，チャーハンの格を上げることができる．こういった場合では，米飯重量に対して3〜5％のねぎ油を添加するとよい．ガーリックオイルの場合も同様である．

2) ねぎ油をたこ焼きに[2]

たこ焼きのもととなっている小麦粉などのバッター液に対して約10％のねぎ油を加えると，ネギのうま味が生かせ，さらに多少冷めてもうま味が継続して出るようになる．

バッター液に対する油の量が多く，焼いているときに油がしみ出すが，鉄板の半球状のところで外皮が揚げた状態となり，カリッとした食感のものができるといった利点もある．

3) ねぎ油を焼きそばソースに [2]

香味油を炒めるときに使うだけでなく，仕上げにかけるたれ・ソースといったものに使っても効果が期待できる．

炒めた焼きそばのソースに，ねぎ油を重量比で1.3%添加し，さらに200℃で1分間加熱した後，荒熱をとり，3時間後に電子レンジで再加熱して評価した．その結果 (表4.5)，ソースにねぎ油を使うと，焼きそばの風味をマイルドにし，味に高級感がでることが分かった．これは，ソース臭が弱い場合 (表4.5ではAタイプのソースを使った場合) は，めんの製造に使われている「かん水」の臭気をマスキングすると考えられる．また，ソース臭が強い場合 (Bタイプのソース) はソースの香りをマスキングしていると予想される．

表4.5 焼きそばソースへのねぎ油の添加効果

ねぎ油	Aタイプ・ソース		Bタイプ・ソース	
	ネギの香味	総合評価	ネギの香味	総合評価
無添加	なし	ソースの香りが強い	なし	
1%添加	＋	ややマイルドに感じる	＋＋	ネギの芳香がある
3%添加	＋＋	マイルド．うま味が感じられる	＋＋＋	ネギの香りが強い

4) ねぎ油の各種中華料理への利用

炒青菜 (青梗菜の炒め物) への利用 [13] は，シイタケ，タケノコを薄切りにし，鍋にねぎ油を入れ炒めてから，適当な大きさに切った青梗菜に加えながらさらに炒め，塩，老酒，醤油，スープ，コショウを入れて整え仕上げる．

千貝菜胆 (ハクサイと貝柱の煮物) への利用 [13] は，鍋にスープ，やや太めに切ったハクサイ，水に入れて蒸し器で戻した貝柱を入れて中火で煮る．火が通ったら，老酒，塩，化学調味料，コショウを入れて，水溶き片栗粉でとろみを付け，仕上げにねぎ油を回りからたらす．

葱油麺 (ねぎそば) への利用 [13] は，どんぶりにスープ，醤油，塩，化学調味料を入れ，ゆでためんと混ぜ合わせる．その上にネギ，チャーシューを細切りにしてのせる．ねぎ油は加熱して上から掛ける．

5) 他の香味油の調理食品への利用

バターフレーバーオイル[14]は，バターと同様の香りを持った香味油で，常温保存できる．取り扱いやすい液体調味料で，バターを使用するメニューとしてオムレツ，ガロニ，洋菓子などに使われる．

たまご風味油[14]は，卵を高温調理した時に得られる香ばしく，ふっくらとした風味とコクを持つ高品質な風味油で，オムレツ，カレー，チャーハン，カルボナーラなどに使われる．

オリーブ油との相性の良い食材は，やはり産地である地中海の食材で，パスタや魚介類ではサケ，アンチョビ，イカ，エビ，野菜ではトマト，ナス，タマネギ，ニンニク，ハーブではバジル，ローズマリー，調味料ではバルサミコ酢などがあげられる．オリーブ油の使用例を**表4.6**に示した[1]．

表4.6 オリーブ油の使用例

分類	製品例
油脂加工品	香味油，マーガリン，ファットスプレッド
水産	マグロ油漬け，サケフレーク
レトルト	レトルトカレー，シチュー，スープ
パン	ピザ生地，パン生地，フォカッチャ
菓子	スナック菓子，チョコレート菓子，ポップコーン
たれ・ソース類	パスタソース，ピザソース 即席めんの別添調味料
調味料	ドレッシング，マヨネーズ
弁当・惣菜	スパゲティ，パスタ，リゾット，サラダ，コロッケ

一般的には緑色をしたバージンオリーブ油は，オリーブの実の風味がそのまま残ったものでサラダ，マリネに最適である．オリーブ油で作ったカツオのマリネは日本料理との相性に違和感があったが，カツオの生臭みをマスキングして非常に良かった．工業的にはコーンスナック菓子にも使ったが，3～5％の添加では少なくオリーブ油を配合した実感がなかった．ポップコーンにも1～2％添加し，保存試験をしたところ，酸化安定性が良かった．

ごま油の使用例を**表4.7**に示した[15]．J-オイルミルズのごま油ベースの練り込み専用油「練りこみ油G（ごま風味）」[16]は，溶き衣（バッター）に添加すると香ばしいごま油の風味が

4.2 美味しい調理食品を作るために

加わると共に揚げ物がサクサクと仕上がる．この練り込み専用油は主に惣菜業や小売業のバックヤードで使われ，フライ油にごま油を配合するよりもごま油の香りが持続する．その効果を**図 4.5** に示した．練りこみ油 G（ごま風味）をバッター液に 10％添加した区は，5時間後，13 時間後でも風味が変わらず，ごま油を 10％配合したフライ油は，香りが減少し，30％配合区は，始めは香りが強いが急激に減少した．この練り込み専用油はフライ

表 4.7 ごま油の使用例

分　類	製 品 例
和風料理	天ぷら，レストラン，惣菜業，家庭用(生野菜の千切り，炒め物，揚げ物，煮物，スープ，味噌汁)
中華料理	炒め物，揚げ物，あんかけ，炒め煮
調理食品および冷凍食品	他に手延べそうめん
たれ・ソース，スープ類	レトルトソース，スープ，焼肉のたれ
調味料	中華ドレッシング，和風醤油ドレッシング即席めんの調味料，ラー油の調味料

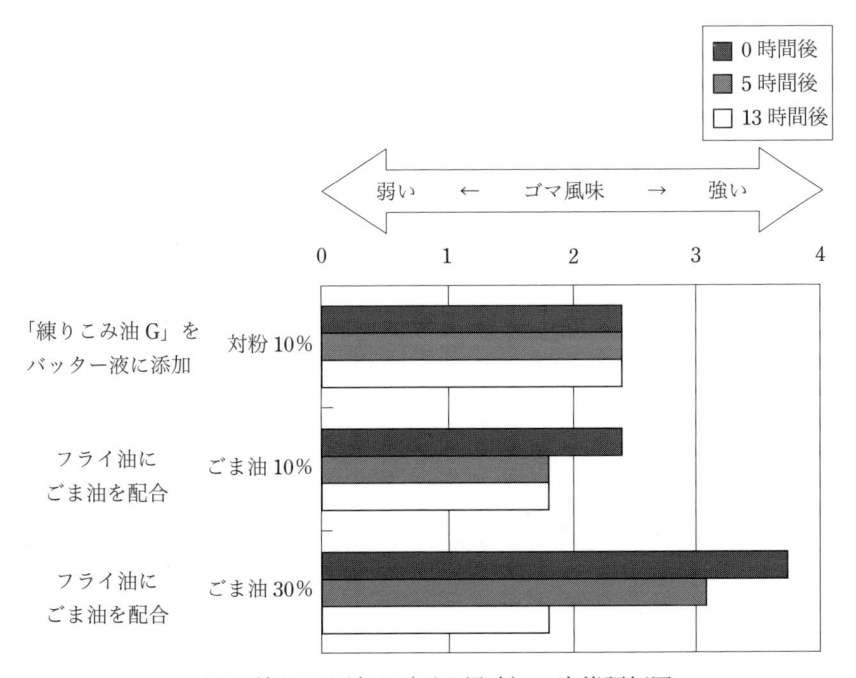

図 4.5 練りこみ油 G（ごま風味）の官能評価図
「練りこみ油 G」を加えたバッター液を用いて揚げた天ぷらと，ごま油をブレンドしたフライ油で揚げた天ぷら（0 時間，5 時間，13 時間加熱）における，ゴマの風味の強さを比較．

や天ぷらにゴマの香りを簡単につけられ，フライ油にごま油を配合するようなわずらわしさがない．フライ油の交換もなくゴマ風味が付けられ，多品種生産には非常に便利である．

　風味を持ったオリーブ油，ごま油や，植物油に香味野菜，香辛料などで風味を付けた香味油が加工食品，調理食品，冷凍食品などに使われ，最近特に多くなってきている．

引用文献

1) 今宮素子，鈴木修武：オリーブオイルの上手な使い方，フードリサーチ，12月号，p.26 (1999)
2) 今宮素子，鈴木修武：香味油の上手な使い方，フードリサーチ，11月号，p.26 (1999)
3) 芦原弘太：スナック菓子のフレーバー応用技術，フードケミカル，No.7，p.29 (1997)
4) 原澤光男：冷凍食品におけるフレーバー技術，フードケミカル，No.3，p.51 (2002)
5) 日本農林規格，平成16年9月28日，農林水産省告示第1773号．
6) 竹井よう子，福田靖子：ごま焙煎温度がごま油の品質におよぼす影響，調理科学，Vol.24，No.1，p.10 (1991)
7) 吉川　宏，小川恵史：ラーメン・スナック開発におけるフレーバー技術動向，フードケミカル，No.7，p.29 (2003)
8) 高橋英夫：シーズニングフレーバーによる加工食品の差別化，フードケミカル，No.7，p.48 (1997)
9) 笠井宣弘：オリーブオイルの品質，p.15，コブラン会主催セミナー (1995)
10) 並木満夫編：ゴマ　その科学と機能性，p.6，丸善プラネット (1998)
11) J-オイルミルズ，富士食品工業，ユウキ食品，丸善食品工業，ファインフーズなど：ホームページ．
12) 並木満夫編：ゴマ　その科学と機能性，p.174，丸善プラネット (1998)
13) ホーネンコーポレーション：カタログ．
14) J-オイルミルズ：ホームページ．
15) 加藤保春：ごま油，油脂・油糧ハンドブック，p.112，幸書房 (1988)
16) J-オイルミルズ：カタログ．

5. 廃食油の上手な捨て方・利用の仕方

5.1 はじめに

　廃油には，鉱物油の廃油と食品産業から出る廃油があるが，この両者を区別するためにここでは廃食油とする．筆者は植物油の利用と開発を仕事にしてきたが，揚げ物をすると汚れる，排水に廃食油を流すと強烈な環境負荷が掛かるなどの問題が生じ，廃食油を出さない方法と廃食油の処理方法にいつも頭を悩ませた．しかし，廃食油を少なくする方法はあるが，これだけすれば廃食油はなくせるという方法は無かった．

5.2 廃食油の削減方法

　廃食油の削減方法を**表 5.1** に示した．揚げる現場により違いがあるが参考にしてほしい．

表 5.1　廃食油の削減方法

	要因	具体例
I	油種の選択	耐熱性油脂（ハイオレイック種、パーム配合油） メーカーの相違（ソフトが大切）
II	フライヤーの選択	揚げ量と大きさ（20kg≒20L） 売り上げと廃油（比例する）
III	揚げ物の種類	天ぷら，フライ，から揚げの違い （ローテーションを）
IV	ろ過機の使用	適正なろ過，1日1回，商品の見栄え
V	適正な加熱劣化管理	トータル管理を（酸価を測定） 業種別，揚げ物別で違う
VI	その他	延命グッツは怪しいか

5.2.1 油種の選択

　油種の選択は非常に重要なポイントである．加熱劣化の少ない油，耐熱性（加熱安定性）のある油，すなわち，化学的な劣化を示す指標である酸価上昇および粘度上昇などの少な

い油を選択することが重要である．また，食べ物であるので美味しい揚げ物を作れる油を選択する必要がある．ハイオレイック種の菜種油を発売した当時は，価格が高いので売れなかった．ある外食産業のチェーン店に売り込みに行き，恐る恐る出してみたら採用になった．いままで使用していた油よりも，時間が経過しても香りや風味の劣化が少なく，さっぱりと油っぽくない揚げ物が出来ることが評価された．この現象は耐熱性試験に使われる泡立ちのしにくい油と一致している．また，販売会社の選択もポイントである．油というハードに油の上手な使い方というソフト技術を付けて販売している会社がある．このような会社を利用すれば，科学的なデータに基づいた廃食油を出さない方法を助言してくれる．また，製油メーカーは揚げ物の現場のように長時間の加熱試験ができないので，揚げ現場と連携することが大切である．

5.2.2 フライヤーの選択

揚げ量とフライヤーの大きさは比例している．長年の経験から1日の揚げ量が20kgであれば，フライヤーの大きさも20L付近が望ましい．これよりも大きくなると必要のない油を加熱するので廃食油が多くなる．また，小さ過ぎると温度が低下し美味しくなくなる．小さなフライヤーで小まめに揚げて油の回転率を上げる方法もあるが一般的でない．

5.2.3 適正な廃食油発生量

表5.2に業種別，揚げ物別の廃食油発生量を示したが，これよりも多いと油を無駄に使用し，少ないと揚げ物の品質低下を招く恐れがある．表5.2は，いままで経験した業種で割り出した結果である．◎および○は適正な廃食油量で，●は長時間使い過ぎ，△および×は廃食油の削減可能な事例である．例えば，スーパー惣菜は油の使用量の2〜3割の廃食油であれば，適正な量である．廃食油がない場合は，長時間の揚げ物をし，酸価上昇など化学的な指標が高くなり，明らかに使い過ぎである．使用量の5割以上の廃食油であれば，まだまだ使える油を捨てている場合が多かった．ファミリーレストランでは，揚げ物の種類によって異なるが，廃食油なしでは使い過ぎで，5割程度の廃食油が出るはずである．同じチェーン店でも立地条件により来店者数すなわち売り上げに10倍以上の開きがあるので，この点も注意する必要がある．

豚カツチェーン店では，パン粉に吸われる油分が多いので廃食油が出ないと思われるが，常時客がある持ち帰り店は廃食油がなく，昼食，夕食の比重の高い店舗ではその時間帯に客が集中するため，フライヤーの台数を増やしたりフライヤーの容量が大きくなるので廃食油を出す必要がある．同じ豚カツチェーン店でも店舗形態，立地条件や顧客数が大きく異なる．

表 5.2 業種と廃食油の発生量の目安

業　種		廃食油の発生量(使用量に対する割合)				備　考
		なし	1〜2割	2〜3割	5割以上	
スーパー惣菜		●	○	◎	×	●使い過ぎ
外食産業	ファミレス	●	○	○	○	
	豚カツ	◎	○	○	×	持ち帰り：廃食油なし
	天ぷら和食	◎	◎	△	×	
中食産業	持ち帰り弁当	●	○	◎	○	
	仕出し弁当	◎	◎	◎	×	メニューにより違う
	ウインドベーカリー		○	◎	×	
産業給食	産業給食	●	○	◎	○	●使い過ぎ，天ぷらOK
	学校給食	×	×	×	◎	教育委員会の指導か
食品産業	惣　菜	●	◎	◎	×	
	豆腐・油揚げ	●	○	◎	×	酸価が高い傾向
	水産練り製品	●	●	◎	◎	酸価が高い傾向
	かりんとう	●	●	◎	×	
	揚げ米菓	◎	●	●	●	廃油なし：連続生産を
	かき揚げ	◎	●	●	●	廃油なし
	ドーナッツ	◎	●	●	●	イーストなし
		●	●	◎	◎	ケーキ廃油
	揚げめん	◎	○	●	●	即席めんは管理厳しい
	から揚げ	●	●	○	◎	

適正 ◎＞○，不適正 ●，削減可能 △＞×

5.2.4 そ の 他

　油の延命を図る装置，器具や薬品などを実験室で実験したが，効果が少なかった．また，独自に実用試験をし，油の分析データに基づいて比較検討し，さらに販売元の科学的な資料を入手し，現場実験をしたが，効果が少ないものが多かった．

5.3 廃食油の現状[1),2)]

　廃食油の現状は，公式な統計記録はないが発生量は40万トン前後と言われ，家庭用約20万トン，業務用約20万トンと思われる．家庭用は各自治体，環境保護団体や生活共同

組合などが地域限定的に組織的に回収利用しているが，景気変動や社会的な関心度により回収される量が変動する．それらの現状を**表5.3**に示したが，バイオディーゼル燃料の製造に取り組んでいることが多い．

表5.3 廃食油の現況

	回収状況		備考
業務用	20万トン　ほとんど回収　全国油脂事業協同組合		回収(東北, 関東, 関西, 中国, 九州)
家庭用	20万トン　未回収　自治体で相違		
回収業者	全国油脂事業協同組合連合会	全国的な組織	200～400円/缶 (2005年, 鈴木調べ)
固める廃油	家庭用・業務用　自治体により相違	横関油脂(業務用)	
下水に投棄	厳禁　大手回収　都会ほど問題	排水処理0.2％以下適正に稼動	

業務用の場合，大手の外食産業，持ち帰り弁当やスーパー惣菜は回収業者が組織的に回収を行っており問題はないが，都市部の中小企業や地方の企業は発生量が少ないので回収

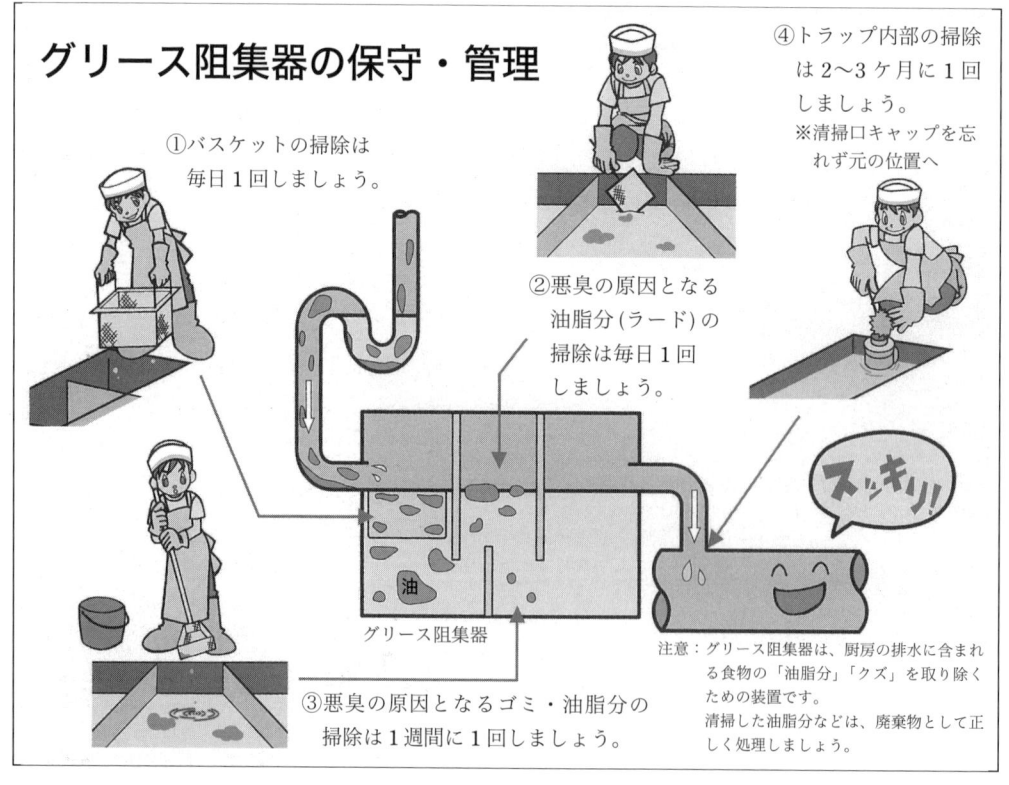

図5.1 東京都の啓蒙パンフレット

には問題が多いと思われる．首都圏の小さな店舗では，凝固剤で固め廃棄していることが多く，また廃食油を紙や他の吸収剤に吸収させて廃棄している．廃食油の処理剤は各種開発されているが，コストや使用方法が多様で，一長一短がある．

東京都は廃食油を下水道に流さないように啓蒙を行っているが，末端まで行き届いているか疑問である．東京都の啓蒙のパンフレットを**図 5.1** に示した[3]．また，油を含んだ排水液の発生源は，フライヤーや調理器具の洗浄水，床などに飛散した油，食べ残されたスープ，調理液などがある．首都圏では外食産業の多い地域と住宅地のような外食産業の少ない地域では，下水道に流れてくる n-ヘキサン抽出物質が 10 数 ppm から数千 ppm の違いがある．色々な回収器具や用具が販売されているので利用して頂きたい．

5.4 廃食油の用途[2),4)]

廃食油の用途を**表 5.4** に示した．

表 5.4 廃食油の用途

用　途	具　体　例	備　考
飼料用油脂	骨油　ヨウ素価 80〜90	回収油 30%，植物油嫌われる
脂肪酸	ゴム用	パームステアリン競合，牛脂より
塗　料	アルキド樹脂	
印刷インキ	学校給食	新油より 5 万トン供給
燃料(BDF)	数千トン規模	自動車，農機，菜の花プロジェクト
燃料(直接)	機器開発	ボイラー共炊き，油水混合
石けん	環境団体，生協など	琵琶湖，手賀沼せっけん，川崎石鹸など
輸　出	韓国，台湾，中国	14〜15 円/kg(2001 年調べ)

BDF：バイオディーゼル燃料．

5.4.1　飼料用添加油脂

最も大きな用途で，農林水産省調べ (1988 年) では約 4 割を占めている．油脂添加の効用は，低コストで高エネルギー，必須脂肪酸の強化，嗜好性の向上，外観を良くする，家畜の成長率の向上などである[5]．

中間処理だけでは，品質規格には合わないので融点調整をしている．主にブロイラー用，育すう・成鶏用に使われ，牛や豚では，イエローグリースと言って肉が軟らかく黄色くなるので嫌われる．配合飼料に混ぜられバラ流通が多いので，油が増えるとサイロに油が付

着し，また飼料自身が固まるので，約5%が限界である[2]．さらに，油分が多いと貯蔵や輸送時に添加油脂が流下し，容器を汚し，飼料成分のムラを生じさせる[5]．

5.4.2 脂肪酸用油脂

ゴム用脂肪酸として使われたが，石油化学系などに代替され利用価値が減少した．国内メーカーの海外進出やマレーシアからの脂肪酸輸入が増えて回収油からの生産も激減した．

5.4.3 塗料用油脂（アルキド樹脂）[4),6),7)]

アルキド樹脂は自動車外装，焼付け塗装，建築用塗装，印刷用インキビヒクルなどの各種用途がある．

塗料の塗膜は硬さとしなやかさが必要で，大豆油は適度な柔軟性を持つので使われたが，乾燥時間が長いとか，塗膜強度が弱いという性質がある．また，廃食油のヨウ素価が新油と比べて低いため塗膜の乾燥性などへの影響も考えられる．大手塗料メーカーの関西工場閉鎖で，関東工場に廃食油の流れが大きく変わった．

5.4.4 印刷インキ用油脂 [4),8)]

オイルショック後，全米新聞出版業者協会（ANPA）は，石油ベースのインキの代用品を探していて大豆インキが紹介された．日本でも印刷インキ用に特許を取得したメーカーもあるが，他のインキメーカーが異議を申し立てている状況である．また，廃油の利用では出願前にすでに実用化していたと言われている．最近使用される廃食油は，大豆油，菜種油などの液状油からパーム油を配合した油に移ってきている．また，肉類を揚げた油は揚げ油に動物脂が溶出するので，一定基準を守るために固形脂を取り除いている．

廃食油は，加熱劣化により色が濃く，酸価が高い．このために印刷インキ用としては，一定の品質基準に合わず，収集中間処理業者によって集められ，基準に合うように調整してインキメーカーに販売される．

大豆インキは，植物性の素材で，脱墨性に優れ，印刷用紙のリサイクルも容易で，天然物であるので生分解性にも優れ環境にやさしいインキとして広く使われている．印刷工程の作業環境も石油系のインキに比べて揮発性物質の発生が少なく人にも優しいと言える．

以前は低価格で安定供給されたが，他の用途，特にバイオディーゼル燃料のために廃食油も品薄気味である．

5.4.5 燃料用油脂（BDF）

バイオディーゼル燃料（BDF）が脚光を浴びているが，経済的に成り立っていない．あ

る欧州の代理店によると，年間1万トン規模にならないと採算に合わないとのことである．国内では2006年で数千トンの規模である．ある自治体では年間億円単位の赤字を出している．

オイルワールド誌によれば，EU諸国では2005年で日本の植物油の需要に匹敵するくらいの250万トンの消費がある．

表5.5 油脂および廃食油からBDFの製造方法とその利点

反応系・方法		触媒	備考	
不均一反応系	固体触媒法	アルカリ触媒 酸触媒 固定化酵素	廃食油・動物脂	酵素高価
	液体触媒法	アルカリ触媒 酸触媒	廃食油・動物脂	実用化
均一反応系	超臨界メタノール法	触媒不用	京都大学坂教授 中央農研	大規模適用 大規模適用
	THF法*	アルカリ・酸触媒	筑波大学	タイで計画化
利点	炭酸ガスの排出量ゼロ 黒煙，軽油と比較して約1/3以下 硫黄酸化物ほとんどなし 市販ディーゼル車に使用可能 軽油とほぼ同等の燃費で，100%であれば軽油引取税なし			

＊ THF法(テトラヒドロフラン法)

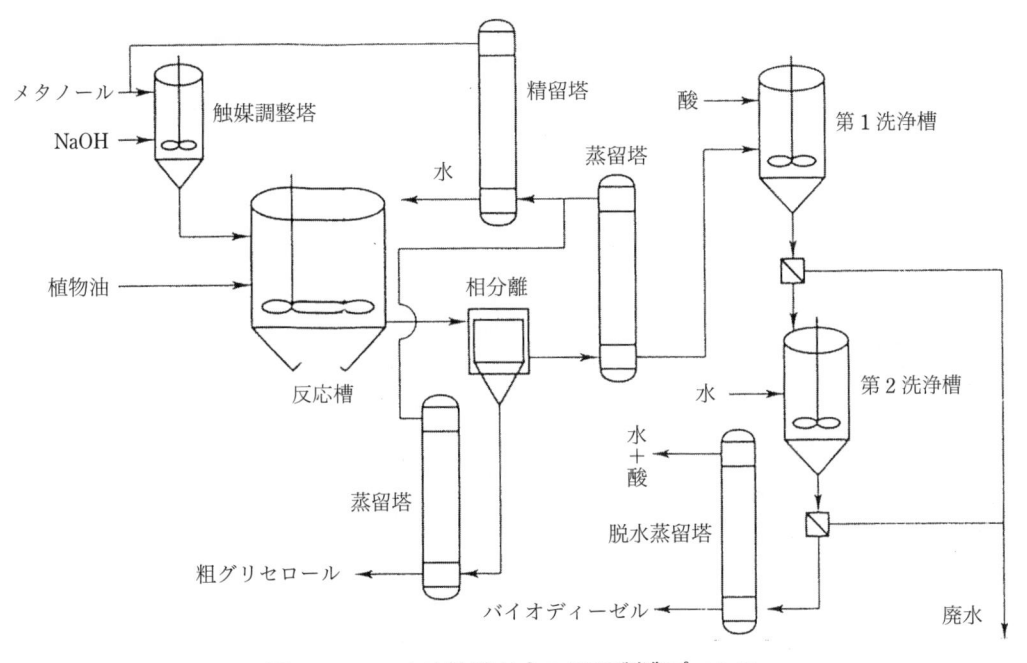

図5.2 アルカリ触媒方式のBDF製造プロセス

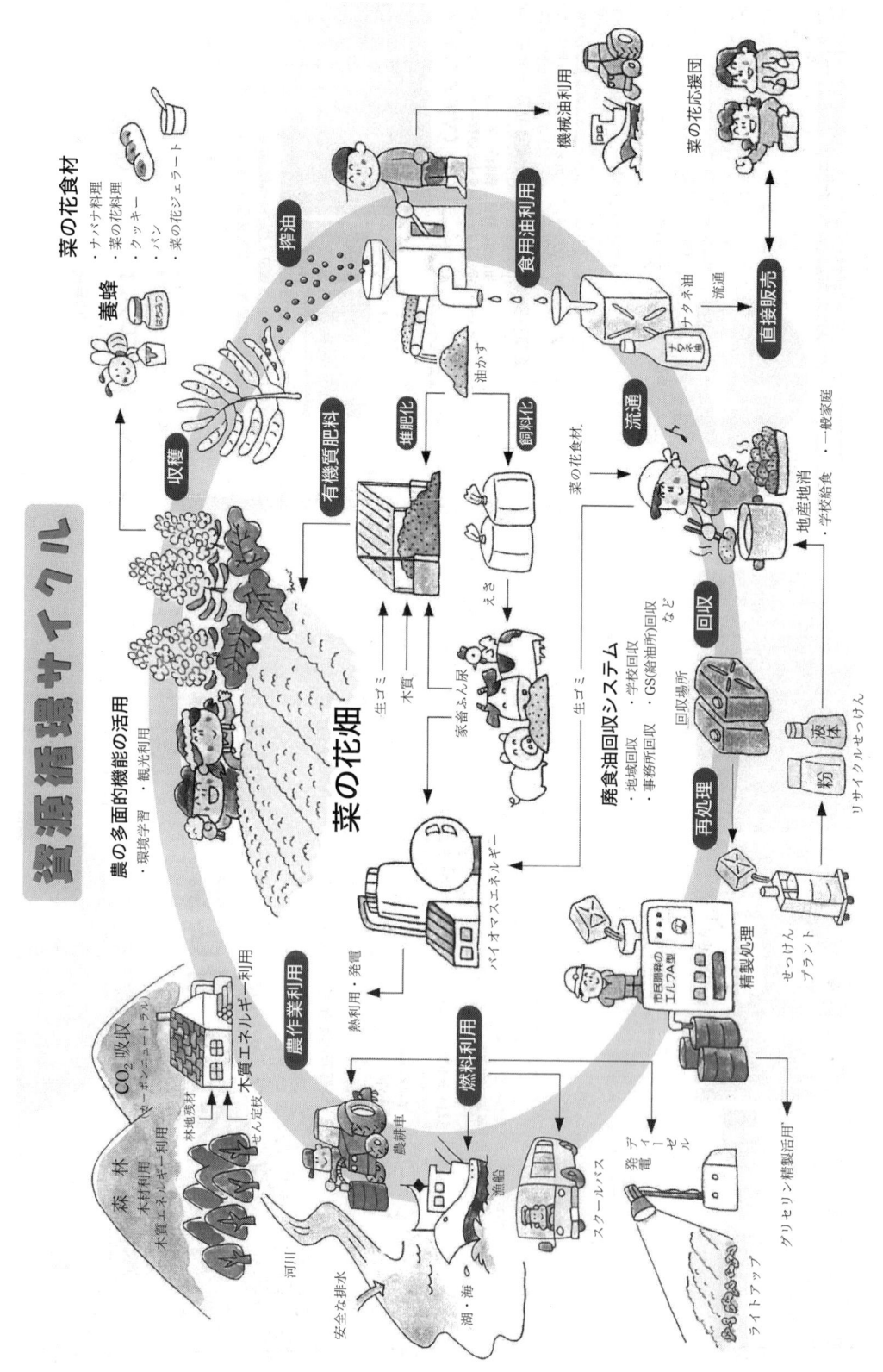

114 5. 廃食油の上手な捨て方・利用の仕方

図 5.3 菜の花プロジェクト

ドイツではBDFは動力燃料に課税される鉱油税が免除され，他のEU諸国でも優遇税制がある[9]．

日本では，BDFは環境にやさしいとか，環境教育への啓蒙，自治体や企業のイメージアップに利用されている．教育機関もイメージアップのために取り扱いやすいテーマでもある[10]．昔，石けん，今バイオ燃料の感がある．廃食油からBDFの製造方式を**表5.5**に示した[11]～[13]．この表中で実用化されている製造方式はアルカリ触媒方式で，製造プロセスを**図5.2**に示した．あるメーカーだけでも廃食油再生燃料化装置を500台以上販売し[12]，同様のメーカーが国内に数社ある．

売り先も多種多様で，例えば，菜の花プロジェクト（**図5.3**）のような自治体[10]や環境NPO法人，学校法人，廃食油の回収業者，製油や外食産業を含めた廃食油発生業者，BDFを消費する運送業，農業などがある．

5.4.6 燃料用油脂（直接使用）[14]～[16]

廃食油をボイラー直焚(じかだ)きする方法もあるが，**表5.6**に示したように問題点と対策がある．必要な設備を整えた上で，食品業界では廃食油の多量に発生する油揚げや水産練り製品工場で多く利用されているが，これらも限られた大手企業の工場である．石油燃料の高騰で関心が高まっているが，きめ細かなメンテナンスが必要である．

表5.6 廃食油の直焚きの問題点と対策

問 題 点*	対　策
不純物の混入	ろ過装置の設置
残留炭素	バーナーの改良 バーナーの点検と掃除の回数増加
流動・動粘度の低下	重油と別タンク，加温装置の設置
発熱量の低下	約10%低いが問題ない
引火点が高い	約150℃高く安全であるが強力点火源必要

＊ 重油との比較．

5.4.7 石けん用油脂

家庭用の廃食油のリサイクルと石けんの製造は連動して行われてきた．琵琶湖富栄養化防止条例の制定などにより盛んに石けん製造が行われるようになり，BDFと併行して行われている．

自治体や環境団体も関心があり，地道に活動しており，小型の石けん製造装置も数多く稼動している[17]．

5.4.8 輸　出　用

廃食油は輸出する方が他の用途より価格が高ければ輸出に向けられる．

廃食油について述べたが，業務用で使われている油は組織的に回収され利用されている．家庭用廃食油が，家庭での揚げ回数の減少で発生が少なくなり，首都圏では環境団体により散発的に収集されているが回収は非常に難しいと言える．

引用文献

1) 角田素子，菰田　衛：杉山産業化学研究所年報(平成6年)，p.172，杉山産業化学研究所 (1995)
2) 編集部：特集・回収油利用の現状と見通し，油脂，No.10，p.26 (1991)
3) 東京都下水道局：油・断・快適！下水道〜下水道に油を流さないで！〜 (2004)
4) 編集部：特集・危機深める動物油脂・回収油，油脂，No.7，p.20 (2001)
5) 調査委員会：廃食用油の回収・再利用システムの検討，p.33，政策化学研究所 (1990)
6) 阿部芳郎監修：油脂・油糧ハンドブック，p.191，幸書房 (1988)
7) 安田耕作，福永良一郎，松井宣也：油脂製品の知識，p.180，幸書房 (1985)
8) アメリカ大豆協会：ホームページ．
9) 松村正利，サンケァフューエルス㈱：図解バイオディーゼル最前線，p.66，工業調査会 (2006)
10) 菜の花プロジェクトネットワーク事務局：パンフレット．
11) 松村正利，サンケァフューエルス㈱：図解バイオディーゼル最前線，p.178，工業調査会 (2006)
12) セベック：廃食油再生燃料化装置「イオシス」カタログ．
13) 編集部：廃食用油の燃料利用，油脂，No.8，p.40 (1992)
14) 太陽：「廃油ボイラシステム」カタログ．
15) 森野　進：新しいモノづくりへの挑戦　廃食用油を利用する，環境に優しい燃焼装置，発明，Vol.100，No.9，p.40 (2003)
16) 森野　進：新しいモノづくりへの挑戦　注目される菜の花資源循環システム，発明，Vol.101，No.6，p.26 (2004)
17) リサイクルせっけん協会：廃食油リサイクルせっけん製造機「ザイフェ」カタログ．

著者略歴

鈴 木 修 武（すずき おさむ）

1945 年生まれ．
1967 年　静岡大学農学部農芸化学科卒業．
1967 年　旧豊年製油株式会社入社．
1967～1969 年　旧農林水産省 食糧研究所 糖質研究室研修．
1978 年　環境計量士，1985 年　技術士（農業部門）
1969～2005 年　植物油の商品開発・製造（離型油，炒め油，抗酸化油，香味油等），炒め機および利用技術（米菓，惣菜，外食産業，油揚げ，ドレッシング等），蛋白・澱粉・澱粉糖の利用技術及び環境計量事業等の研究開発並びに技術支援を歴任．
2005 年　J-オイルミルズ定年退職，鈴木修武技術士事務所開設・現在に至る．

著　書

油の絵本（編集，農文協），食品加工総覧（共著　食用油脂担当，農文協），食品技術の革新に挑む（共著，幸書房）など．

大量調理における　食用油の使い方

2010 年 7 月 10 日　初版第 1 刷　発行

著　者　鈴　木　修　武
発行者　桑　野　知　章
発行所　株式会社 幸 書 房
〒101-0051　東京都千代田区神田神保町3-17-28
TEL 03-3512-0165　FAX 03-3512-0166
URL：http://www.saiwaishobo.co.jp

組　版：デジプロ
印　刷：シナノ

Printed in Japan.　2010　Copyright Osamu Suzuki
本書を無断で引用または転載することを禁ずる．

ISBN978-4-7821-0344-9　C3058